阅 读 是 一 切 美 好 的 开 始

春有百花秋有月,
夏有凉风冬有雪。
若无闲事挂心头,
便是人间好时节。
——〔宋〕无门慧开《心向平常》

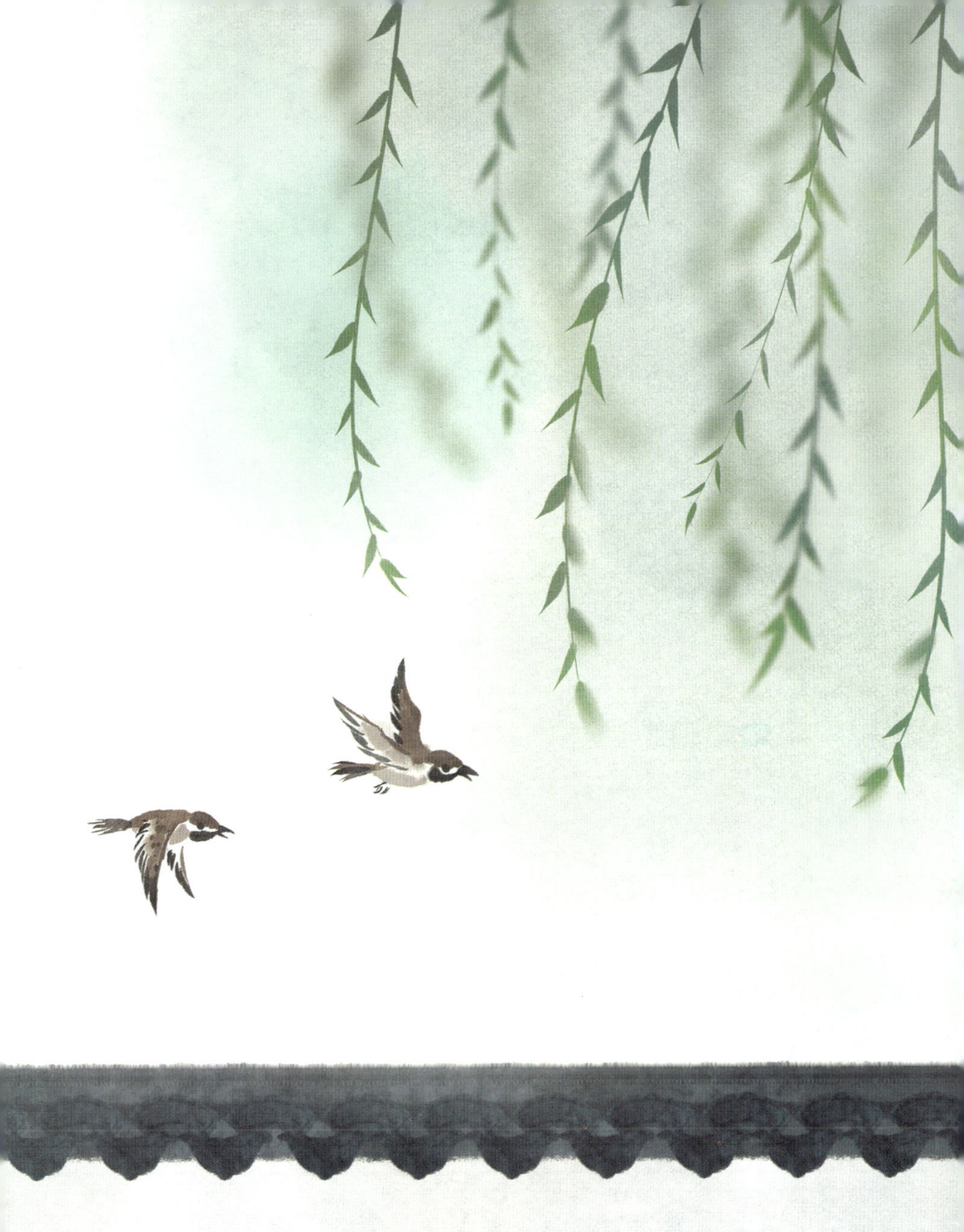

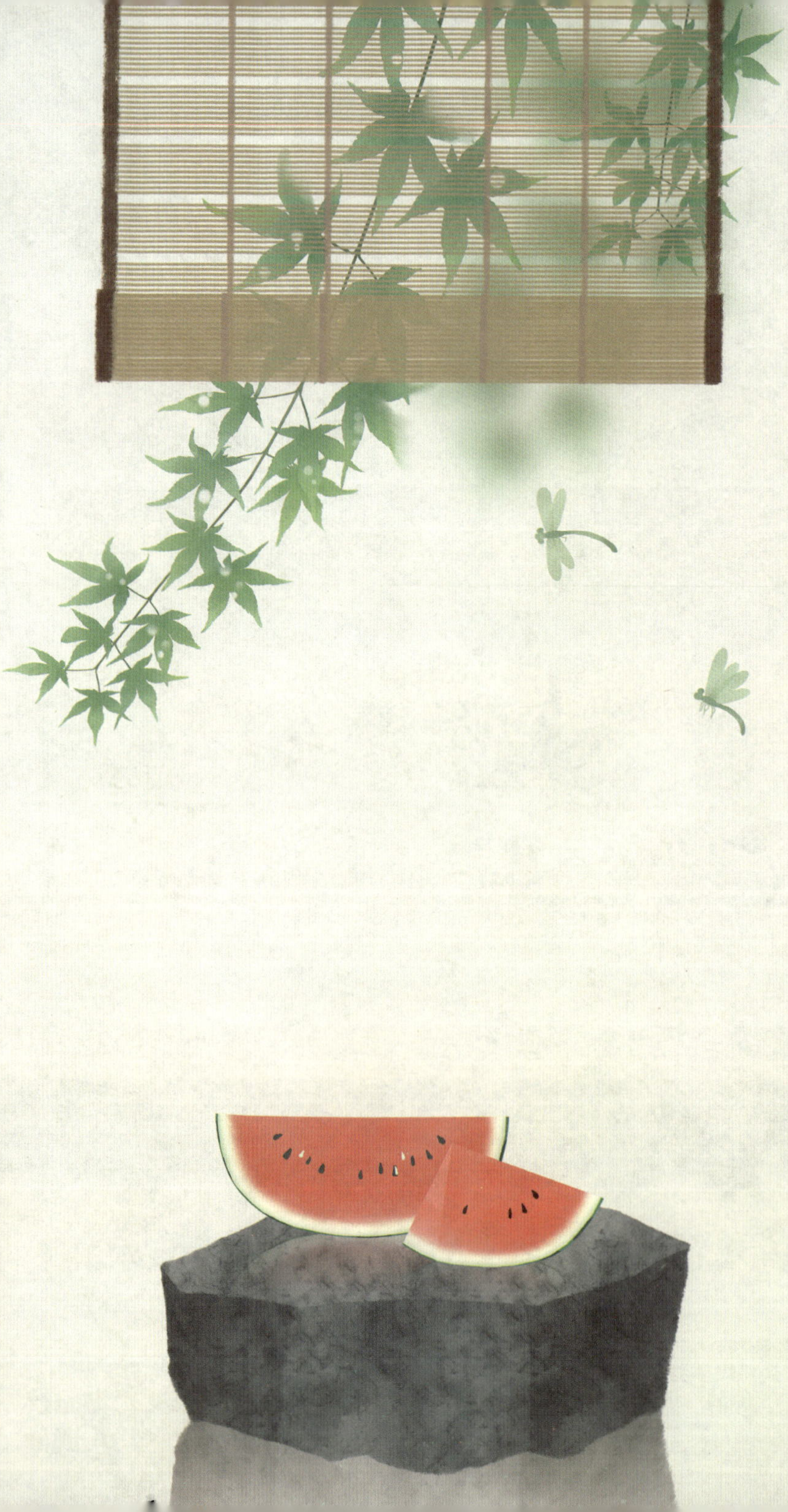

真正的平静,不是避开车马喧嚣,而是在心中修篱种菊。

——林徽因

雨过一蝉噪,飘萧松桂秋。
青苔满阶砌,白鸟故迟留。
暮霭生深树,斜阳下小楼。
谁知竹西路,歌吹是扬州。

——〔唐〕杜牧《题扬州禅智寺》

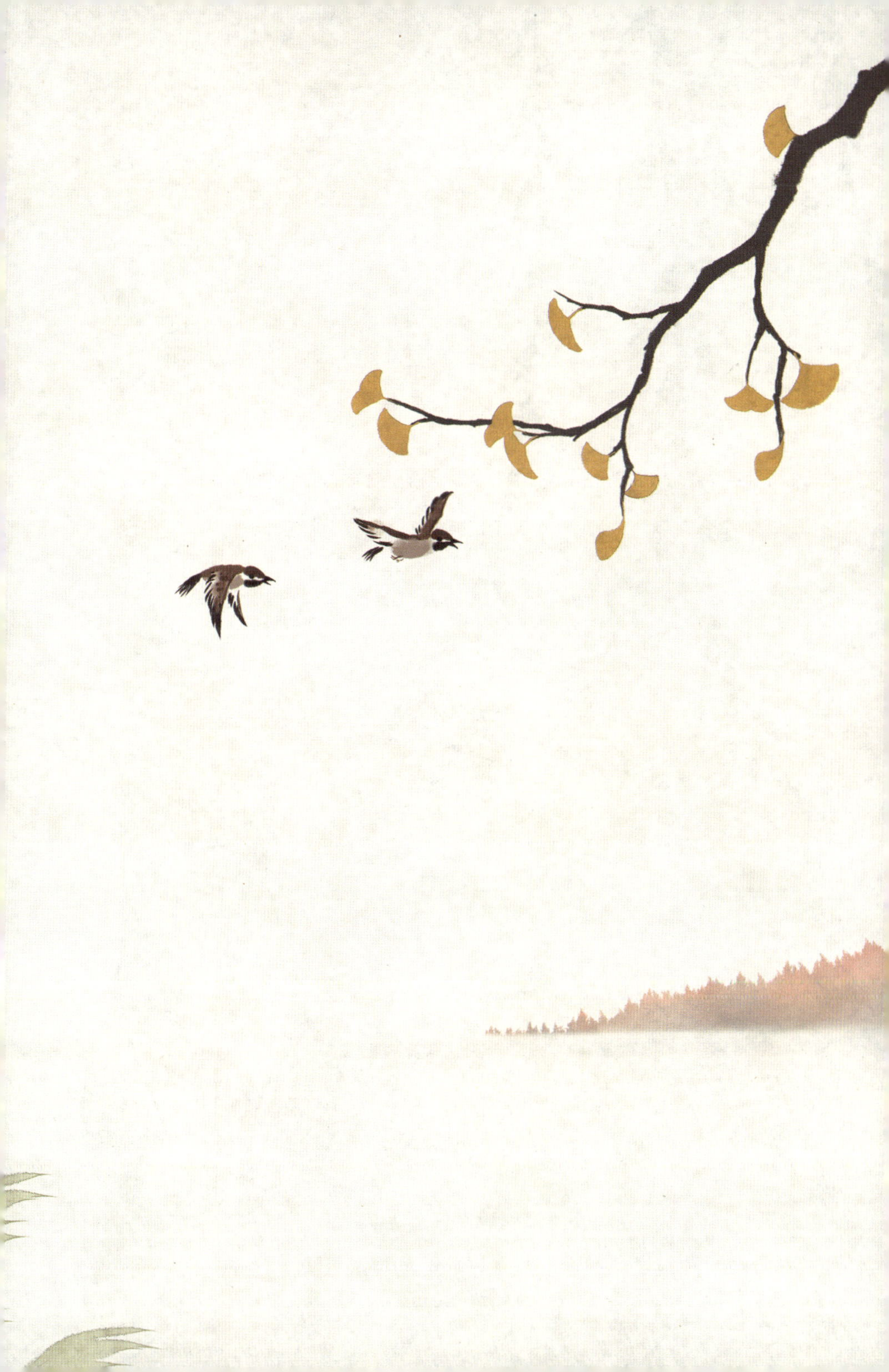

独处是人生中难得的时光，
正好可以和自己安静地对话。

不要期待，不要幻想，不要强求，顺其自然。心安，便是活着的最美好状态。

结庐在人境，而无车马喧。
问君何能尔？心远地自偏。
采菊东篱下，悠然见南山。
山气日夕佳，飞鸟相与还。
此中有真意，欲辨已忘言。

——〔东晋〕陶渊明《饮酒·其五》

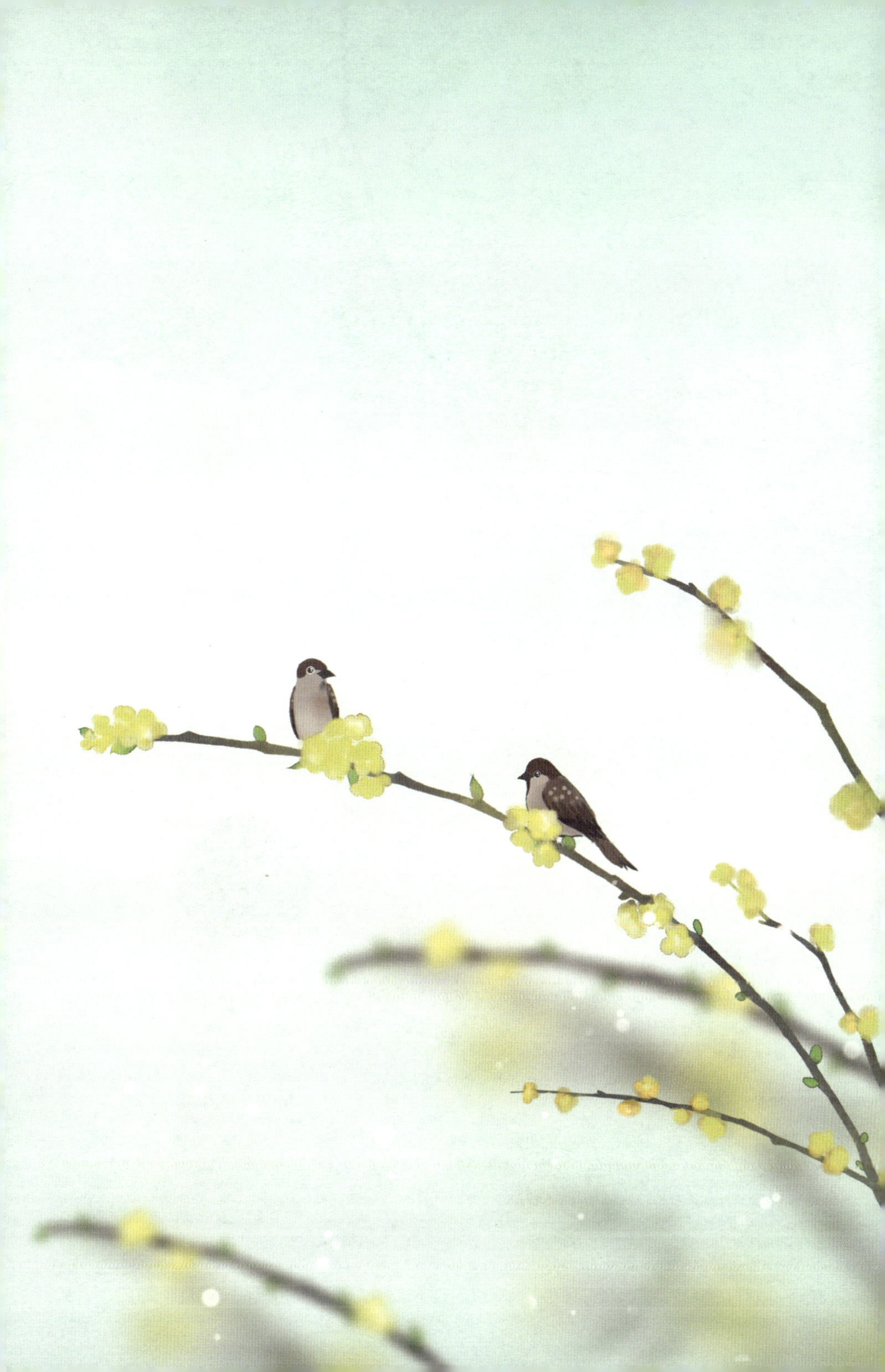

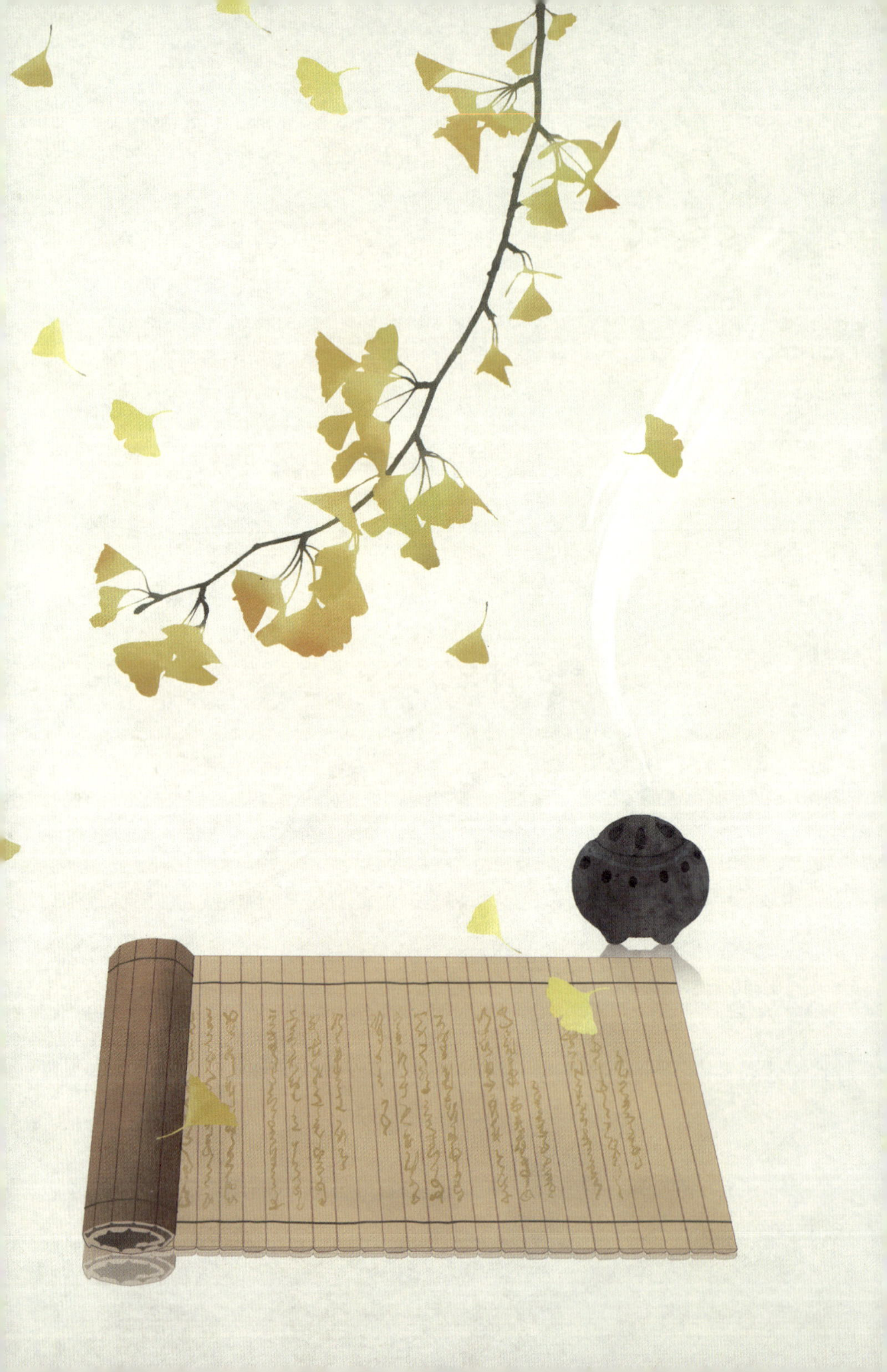

生活不可能像你想象的那么好,
但也不会像你想象的那么糟。

——〔法〕莫泊桑《一生》

水看着清澈,并非因为它不含杂质,而是在于懂得沉淀。

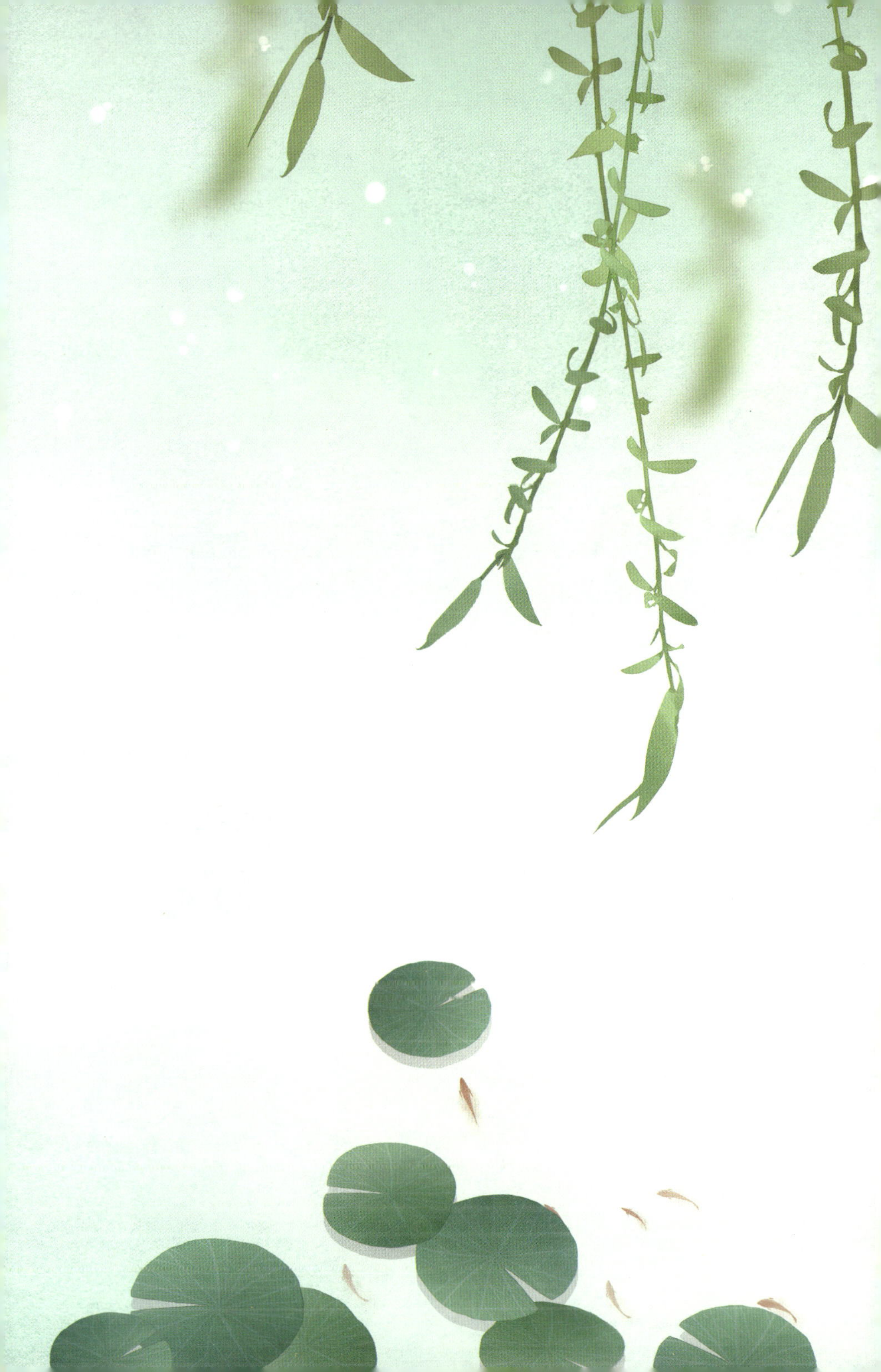

内心平静向暖，
生活恬淡安然。

一日禅

心有欢喜万事可期

喵公子 —— 著

中国水利水电出版社
www.waterpub.com.cn
·北京·

内 容 提 要

这是一本能够让你内心宁静的书，一本语言优美而富含哲理的短文集。

本书共分为恬淡，是生活里开出的花；心安，是最好的归处；从容，才能静守自己的天地；把生命中最重要的时刻过好；慎独，是最高级的独处；人生不过是一场路过等六个部分。作者用富含哲理的文字提醒人们，慢下来，好好倾听自己内心的声音，过好自己的人生。

图书在版编目（CIP）数据

一日禅：心有欢喜，万事可期 / 喵公子著. -- 北京：中国水利水电出版社，2022.8（2022.11重印）
ISBN 978-7-5226-0865-5

Ⅰ.①一… Ⅱ.①喵… Ⅲ.①人生哲学－通俗读物 Ⅳ.①B821-49

中国版本图书馆CIP数据核字(2022)第135296号

书　　名	一日禅：心有欢喜，万事可期 YI RI CHAN: XIN YOU HUANXI, WANSHI KE QI
作　　者	喵公子　著
出版发行	中国水利水电出版社 （北京市海淀区玉渊潭南路1号D座　100038） 网址：www.waterpub.com.cn E-mail: sales@mwr.gov.cn 电话：（010）68545888（营销中心）
经　　售	北京科水图书销售有限公司 电话：（010）68545874、63202643 全国各地新华书店和相关出版物销售网点
排　　版	北京水利万物传媒有限公司
印　　刷	天津旭非印刷有限公司
规　　格	146mm×210mm　32开本　7.5印张　180千字
版　　次	2022年8月第1版　2022年11月第2次印刷
定　　价	49.80元

凡购买我社图书，如有缺页、倒页、脱页的，本社发行部负责调换
版权所有·侵权必究

目录

辑一 恬淡，是生活里开出的花

恬淡，是生活里开出的花　002

别让人生输给了欲望　006

没有谁永远站在山顶　010

放下，轻装前行　014

寡欲是最大的力量　017

/ 心灵禅语，句句充满智慧　021

辑二 心安,是最好的归处

人生难得保持一颗平常心 038

安禅何必须山水 041

心安即是福 043

知足常足,知止常止 047

没有宽恕,就没有未来 050

心安的人,做人才会有高度 054

/ 心灵禅语,句句充满智慧 059

辑三 从容，才能静守自己的天地

安好你的心，从容生活　076

少一份争执，多一份从容　080

心无浮躁，自有淡定从容　084

咸有咸的滋味，淡有淡的好处　088

用平和梳理人生　090

/ 心灵禅语，句句充满智慧　094

辑四　把生命中最重要的时刻过好

别用他人的错误来惩罚自己　110

把生命中最重要的时刻过好　113

人生最难的是战胜自己　117

放下包袱，让心灵轻装前行　121

人生苦短，别为小事而生气　125

适当收起自己的敏感　128

/ 心灵禅语，句句充满智慧　134

辑五 慎独，是最高级的独处

慎独，是最高级的独处 150

一切顺其自然，上天自有安排 154

静坐常思己过，闲谈莫论人非 158

忍耐是一生的修行 161

做人懂分寸，处世知进退 164

/ 心灵禅语，句句充满智慧 170

辑六 人生不过是一场路过

人生不过是一场路过　188

追求不圆满的人生　190

好说话，说好话　193

你的幸福与别人无关　197

/ 心灵禅语，句句充满智慧　201

辑一

恬淡,是生活里开出的花

《鸟鸣涧》中写道:人闲桂花落,夜静春山空。月出惊山鸟,时鸣春涧中。

花开无语,花落无声,本是自然天道。唯有放下对世俗的过分执着,空灵纯粹的内心才得以关注到桂花悄然落下的细碎之美。

从恬淡中,方能发现生活深处的欢喜;于自在处,方能顿悟灵魂真正的丰盈。

恬淡，是生活里开出的花

恬淡这个词，本身就很唯美，有着不可抗拒的诱惑。恬淡，不是禅，是生活里开出的花。有缘人拈着这朵花，浅浅地笑，笑得那么静，那么好。

恬淡，是一种发自内心的恬静淡泊。古人认为："恬静养神，弗役于物。"意思就是说，恬静可以养神，使人不拘于外物。

恬静讲的就是一种"退"的处世态度，万事不萦于怀，保持这种心境的人，在养心方面必然可以做得很好。

现在越来越多的人在追求"养生"，养生包括养心、养性和养身。但很多人只热衷于养身之法，认为只要身体养好了、健康了，就能更长久地享受生活。

因此，很多人能坚持每天锻炼身体，吃健康的食物，但很少有人能够坚持每天养心。

有一个朋友的妈妈非常注重养生，每次见到她，她都会不厌其烦地向别人宣讲养生的道理，告诉别人每天要吃什么东西、吃多少、怎样吃，每天要运动多长时间，等等。她一次又一次地申明：只有这样，才能不生病！

可是，我每次听到这些都很奇怪，一个人每天从早到晚都为如何给自己准备健康的食物而忙个不停，害怕自己一顿饭吃得不好就会生病。一边养生一边却为身体而焦虑，唯恐自己生病，唯恐自己不够长寿。每天都这样担心，怎么能开心？

如果我们不从养心和养性开始养生，心中有诸多烦恼，有万般欲念，就算身体再健康，也不过是一具躯壳罢了。我们所能体验到的幸福，也无非是吃穿玩乐这些享受，人生本身并没有得到真正的升华。

世间的事纷纷扰扰，容易扰乱人的心境。所以，很多人认为自己心不静，是因为有太多事情在干扰。其实，扰乱我们的不是纷扰的世事，而是不静的内心。

当我们能把一切外在事物剥离的时候，不管处在什么样的环境中，都能真正享受闲适的生活。

如果我们在乡间民宿住宿，哪怕只有一只臭虫，也会大叫起来，立即找老板投诉臭虫影响了自己的心情。老板若有一语为自己辩护，我们马上便会认为，老板真是人黑心了！

第二天，还要打电话给自己的亲朋好友，说自己旅途中的经历，说这地方的人如何如何不好！真是越说越郁闷，越说越愤怒。其实，说到底也不过就是一只臭虫罢了，却能令你生气好几天。想一想，是不是有些吃亏的感觉？

在这个现实的社会中，何止一只臭虫，有很多事情会使得我们义愤填膺。

我们总以为得到了某些向往已久的东西，心就会安定了、满足了，从此就可以幸福了。可是，得到之后，却觉得不过如此，更大的欲望立刻接踵而来，目标不断提高，我们也越来越累了。

因此往往一个人在有了别墅、汽车之后，未必会变得更幸福，因为他害怕有一天会失去这样的生活，于是只能更加拼命地工作。逼迫自己每天要赚100万元，赚80万元就唉声叹气，每天生活在害怕失去名利的恐惧中，背负着巨大的压力生活，怎么能不生病？

当然，不是说人绝对不能过这样的日子，而是说，如果这样的日子令我们压力倍增、烦恼不断，毫无幸福感可言，则完全可以考虑换一种思路生活。

生活中，只要放下固守这些东西的执着心，就算每天赚100万元也不觉得得意，每天赚10元也不觉得失意，该吃饭吃饭，该睡觉睡觉，不要逼迫自己，就能立刻感觉到幸福感的提升。

内心恬淡的人，即使穿的是布衣，吃的是粗茶淡饭，也能悠然自得，没有一丝不适和不快的感觉。

即使面对烦恼和生死，也能安然对待，心中不生一丝痛苦的波澜，这样的人生，并不需要吃穿玩乐这样的感观享受进行配合，一样会感到宁静和幸福。

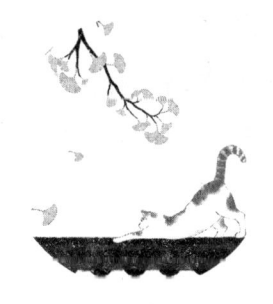

别让人生输给了欲望

人生在世，谁能没有欲望呢？有时候，人正是因为有了欲望，才有了前进的动力。漂亮的房子、奢华的汽车等，都是人类的欲望。

但是，人毕竟不同于动物，人要学会控制欲望，不要让自己变得贪婪。人只有合理地控制自己的欲望，才会生活得幸福。如果不能控制自己的欲望，任由其发展，最后的结果很可能是利令智昏，堕入深渊。

一位朋友谈到，他的奶奶一生从没穿过合脚的鞋子，常穿着巨大的鞋子走来走去。晚辈如果问她，她就说："大小鞋都是一样的价钱，为什么不买大的？"

故事很好笑，然而生活中能做到不贪婪的人少之又少。在面对利益诱惑时，很多人无法控制自己的贪婪，毁掉了大好前程。

有时明知道是圈套,却因为抵制不住诱惑而落入陷阱。很多时候,他们不是败给自己的愚蠢,而是败给了自己的贪婪。

你无法控制自己的贪婪,就难免要为之付出惨重的代价。

其实,在人生的道路上,许多人往往都会犯同样的错误,由于太看重眼前的利益,让贪婪蒙蔽了双眼,结果铸成大错,甚至悔恨终生。想一想,世界上有多少人为了钱财,夫妻离异、兄弟反目;有多少人为了升官发财,朋友相残、同事相害;又有多少人为了贪欲而锒铛入狱呢?

古圣先贤早有"一念贪私,万劫不复"的论述,他们提出:做人要以"不贪"二字为修身之宝;道德品行的修养是做人的必需,且是一生一世的理念。并且形象地描述:"人之初,性本善。"良知人皆有之,但是,人一旦动了贪心邪念,良知就会自然泯灭。原本心中的善良、正气、刚毅随之化为乌有,而聪颖智慧变为糊涂昏庸,或者利令智昏。善慈仁爱变为残酷刻薄,纯洁的人格变得污浊,若一意孤行,会进而酿成人生甚至家庭与社会的悲剧。

所以告诫世人:"不贪"应作为警世救人的高悬利剑相伴一生。

人不要过于贪婪,因为靠贪婪得来的东西,永远是人生的累赘。贪婪的人常怀有私心。贪婪轻则让人丧失生活的乐趣,重则误了身家性命。生活的压力越来越大，脸上的笑容越来越少，这或许便是贪婪的代价。

有这样一个故事：

从前，有位樵夫长年累月地辛勤劳作，却始终无法改变贫困潦倒的境遇。于是他每天烧香拜佛，向佛祖祈求好运降临。

终于有一天，樵夫的诚心打动了佛祖——他居然无意中在山坳里挖出了一尊百十来斤的金罗汉，转眼之间樵夫便过上了富裕的生活。

可是，这个樵夫只高兴了一阵子，便又食不知味、睡不安稳地犯起愁来。妻子不明白他为什么不高兴，劝导他好几次，都没有效果，于是埋怨道："我们现有的家产，就算遇上盗贼，也不可能被立刻偷光的，你又何必如此多虑呢！"

樵夫深深叹了一口气，道："你一个妇道人家，怎么能理解我内心的烦恼呢？怕失窃只是其中的一个原因，我最烦恼的事情是：世上总共有18尊金罗汉，我却只挖到了其中的1尊，其他17尊至今仍不知下落！要是全部的金罗汉都归我所有，那该有多好！"说完之后，他又苦恼地用双手抱紧了头。

他的妻子这才明白，原来她的丈夫在为一个不可能实现的愿望而犯愁！

欲望是无底洞，一旦任由贪欲无限滋生，人生将变得失去控制,难免会堕入万丈深渊。人要学会自制,不断反省自己,哪些是自己应该得到的,哪些不是自己应该得到的,要想清楚。只有这样,才能让自己从容不迫,游刃有余。

没有谁永远站在山顶

为自己鼓掌容易,为别人鼓掌却很困难。试问一下,有多少人学会了为别人的成功鼓掌?

为别人鼓掌,并不代表你就是失败者,更不是吹牛拍马、阿谀奉承,而是对别人的闪光点进行肯定。这非但不会损伤你的自尊,相反还会让你收获友谊与感激。

俗话说:三十年河东,三十年河西。没有谁一直走运,没有谁永远站在山顶。学会为别人鼓掌,等到自己失意时,才会得到别人的鼓励。所以看得远的人往往懂得为别人鼓掌,因为这需要一个宽广的胸怀、一种高瞻远瞩的气度,只为眼前利益斤斤计较的人是做不到的。

有一次,美国总统选举结果揭晓,民主党总统候选人克里落选。当天他就打电话给连任的小布什总统,诚恳地承认竞选失败,并祝贺小布什成功连任。小布什也在随后发表的简短演讲中称赞克里是一个"令人钦佩的对手",并赞誉克里在竞选中的出色表现。

这个美好的局面,使原先担心因总统大选出现的选票争端而损害美国形象的分析家们松了一口气,支持克里的人们说他们没有看错人,小布什的支持者也认为克里的表现无可挑剔,说他是输了大选,却赢得了尊敬,克里虽败犹荣,以一个智者的形象很体面地告别大选。

竞选的失败,对于克里而言,悲哀是不言而喻的。但具有远见的克里展现了自己的宽广胸怀和气度,展现了自己的大家风范,同样赢得了别人的尊重,虽败犹荣。

有的人不懂得为别人鼓掌,这样的人目光短浅、气量狭小。对别人的成功冷嘲热讽、愤愤不平,以为这样就能够打击别人,殊不知,最后受伤害的往往是自己。

哥伦布是15世纪有名的航海家,他历尽千辛万苦,终于发现了新大陆。

对于他的这个重大发现,人们给予了很高的评价和很多声誉,但也有人对此不以为然,以为这没有什么了不起,话中常吐露出讥讽。一次,朋友们在哥伦布家中做客,谈笑中又提起了哥伦布航海的事情,有几个人冷嘲热讽地表示这根本不值一提,这样的事情谁都会做。

哥伦布听了，只是淡淡一笑，并不与大家辩论。

他起身来到厨房，拿出一个鸡蛋对大家说："谁能把这个鸡蛋竖起来？"大家一拥而上，这个试试，那个试试，结果都失败了。"看我的。"哥伦布轻轻地把鸡蛋的一头敲破，鸡蛋就竖起来了。"你把鸡蛋敲破了，当然能够竖起来呀！"人们不服气地说。"现在你们看到我把鸡蛋敲破了，才知道没有什么了不起。"哥伦布意味深长地说，"可是在这之前，你们怎么谁都没有想到呢？"过往讥讽哥伦布的人，脸一下子变得通红。

这些挑衅者自己不能成功，还不能容忍别人成功。如果不能及时调整心态，这种小肚鸡肠的心态很可能会发展到害人害己的地步。这样的事例我们经常可以看到。

为别人鼓掌是胸怀宽广的表现。在我们的成长时期，成功人士的经历往往是我们前进的动力，他们的成功会正确指引我们，在无形之中帮助我们。当我们走向成功时，更要学会为别人鼓掌；为别人鼓掌，也会获得别人的喝彩。

现实生活中，很多人似乎不太懂得为别人鼓掌。某学术机构曾做过一项不记名的抽样调查，结果显示，不懂得或根本就不习惯欣赏别人的人占了六成以上。有些人在谈到别的成功人士时，甚至用出了"我非常恨他"这样的字眼。这种心态，注定了这样的人很难有真正的朋友。试想，谁会和一个小肚鸡肠的人做知心朋友呢？你不给别人掌声，别人自然不会给你掌声；你的心胸狭窄，你的人生之路也会越走越狭窄。

为别人鼓掌的人，往往是一位开朗之人、通达之人，也是受人尊敬和爱戴的人。他们目光长远，光明磊落，懂得为人的真谛，更通晓处世之道。在事业上，他们必然是有所成就的人。因为懂得做人和成功往往是一对孪生姐妹，它们相互作用，相辅相成，当形成一种和谐共振时，最终收到的将是双赢的效果。

为别人鼓掌，何尝不是为自己鼓掌呢？

放下，轻装前行

尼娜·威廉姆斯是美国倡导简单生活的专家。作为一个投资人、作家和地产投资顾问，在这些领域努力奋斗了十几年后，有一天，她坐在自己的写字桌旁，呆呆地望着写满密密麻麻事宜的日程安排表。突然，她认识到自己对这张令人发疯的日程表再也无法忍受下去了。

自己的生活已经变得太复杂了，用这么多乱七八糟的东西来塞满自己清醒的每一分钟简直就是一种疯狂愚蠢的行为，以至于自己常常无法控制自己，经常抱怨自己的辛苦，原来，只是因为自己将自己的包袱装得太满了。就在这一刻，她做出了决定：要开始简单的生活。

她着手列出一个清单，把需要从她的生活中删除的事情都列出来。

　　然后，她采取了一系列"大胆的"行动。首先，她取消了所有预约电话。其次，她停止了预订杂志，并把堆积在桌子上的所有没有读过的杂志都清除掉。她注销了一些信用卡，以减少每个月收到的账单函件。通过改变日常生活和工作习惯，她的房间和草坪变得更加整洁。她的整个简化清单包括80多项内容。

　　尼娜·威廉姆斯从此再也不会去抱怨烦琐的工作了，她发现，很多看似很重要的东西，其实并没有想象中那么重要。

　　但是在现实生活中，还是有不少的人执着于各种各样的欲望包袱，而且深陷其中不能自拔。事实上，人有欲望也无可厚非，有些人的欲望是客观、有节制的，这样的欲望只会成为一种目标和动力，它可以使人具有方向性。

　　有些人的欲望则是主观、无限制的，甚至连他自己也说不清楚需要多少财富才能得到满足。这样的欲望只会给他增加压力，成为无法挥去的负担和包袱，羁绊其前进的脚步，有时甚至会将他引向歧路。

　　私欲的无限膨胀，生活包袱越来越沉重，往往是惹祸的根源。只有狠下心来，抛弃一些包袱，让自己轻装上阵，才能够体会到生命的美好。

懂得放下，轻装前行，是一种生活的智慧，也是一门心灵的学问。人生在世，有些事情是不必在乎的，有些东西是必须清空的。该放下时就放下，轻装前行，你才能够腾出手来，抓住真正属于你的快乐和幸福。

寡欲是最大的力量

"寡欲"就是少欲，和大家所讲的"清心"是一个意思，但程度有所不同，"清心"有种超凡脱俗的意味，一般人难以做到，"寡欲"却是可以做到的。人心不静，往往是因为欲望太多。

人有欲望是正常的，人生如果没有一个追求的目标，也会索然无味。对正常的欲望，每个人都可以用正常的途径去追求，从而提升我们的生活质量。但不满足是人的一种本性，我们永远不会觉得自己的欲望多。

在我们父辈那个年代，大多数人都是粗茶淡饭，能吃饱就是富有了，如果这时候还幻想天天吃肉，那就是奢望了；有衣服穿、冻不着就是福气了，如果还能穿着不打补丁的衣服，就是富有了，如果还天天奢望穿绫罗绸缎，就超出了人的正常欲望。如果此时不加以克制，就会陷入欲望得不到满足的痛苦之中。如果为了钱做了不好的事情，就会使人生走向罪恶的深渊。如今，我们希望自己每天有肉吃，每天有漂亮衣服穿也不算是奢侈的事。"寡欲"不能再以过去的标准定。那么，对现代人来说，欲望到底在什么度上才算合适呢？

其实，只要是通过正常的劳动便能够满足的欲望，都算合适。更重要的是，看一个人内心欲望的多少，可以看他欲望不能被满足时，是否仍能安之若素，不会因此而感到不方便、抱怨和痛苦。比如两个人到一个贫困山区旅行，平时这两个人的生活条件差不多，到了山区以后，甲在山区物质极度缺乏、自然条件非常恶劣的情况下，仍然能够很愉快地生活，吃着平时吃不下的食物；而乙感到非常痛苦，每天抱怨不已，好像生活不下去。这两个人在平日的生活里虽然消费差不多，但是乙显然过得很不快活，因为他的欲望太多。

所谓"寡欲故静"，寡欲者大都淡泊名利，注重内心的修养而不为外物所累，因而能够做到"静"。欲望是人类一切活动的根源，当人有欲望的时候，就会为了满足欲望而"动"，如果我们能够做到"清心寡欲"，自然不会有任何动作。现实中的我们忙忙碌碌就是因为欲望太多，当我们满足了一个欲望之后，另一个新的欲望又会产生，永远不会有终结的时候。因此，我们始终不得空闲，难以腾出时间修养身心。

孙思邈曾经指出，长寿对大多数人而言有"五难"：名利难去，喜怒难去，声色难去，滋味难去，神虑难散。"寡欲故静"，静能排除"五难"，人自然能长寿。当我们做到"静"的时候，则需要用另外一种东西来填充我们的内心，否则，心无一物，必如无根之萍，随波游荡。

有一位老书法家谈及自己当初练习书法的缘由时说："人长着手，就总想拿点儿东西。可是我知道这些东西会让我做出不理智的事情来，为了转移自己的欲念，有一天，我就想，就让手抓笔吧，每天都把心思放在练字上，手里不得闲，那些欲望也就消失了。"

用健康的爱好代替酒足饭饱之后的各种欲望，确实是一个很好的方法。一些老年人退休之后，骤然闲了下来，会很难适应，这时候，学习书法、绘画、唱歌等，人便活得充实，精神变得饱满，心头的烦恼也一扫而光了。

心有欢喜，活在当下

心灵禅语，句句充满智慧

/ 恰到好处的幸福 /

幸福从来不是越多越好，而是恰到好处最好；幸福不是脸上的虚荣，而是内在的需要；幸福不在别人眼中，而在自己心中。你的幸福，你若不答应，别人永远抢不走！

/ 走自己的路 /

不管当下的我们有没有人爱，我们也要努力做一个可爱的人。不埋怨谁，不嘲笑谁，也不羡慕谁，阳光下灿烂，风雨中奔跑，做自己的梦，走自己的路。

/ 人心简单就幸福 /

过去的不再回来，回来的不再完美。生活有进退，输什么也不能输心情。生活最人的幸福就是，坚信有人爱着我。对丁过去，不可忘记，但要放下。因为有明天，今天永远只是起跑线。生活简单就迷人，人心简单就幸福；学会简单其实就不简单。

/ 不必讨好别人 /

一个人越成长就越觉得很多东西不必看得太重，比如外界对你的期望，比如无关紧要的人对你喜欢与否。过分看重就会让你迷失自我，仅仅是活出了他人帮你定义的成功。为了讨好别人，踮着脚尖改来改去，而被别人绑架了人生。一路走下来，才明白真正的魅力不是你应该变成谁，而是你本身是谁。

/ 时间不语，却回答了所有 /

让自己忙一点，忙到没有时间去思考无关紧要的事，很多事就这样悄悄地淡忘了。时间不一定能证明很多东西，但是一定能让人看透很多东西。坚信自己的选择，不动摇，使劲跑，明天会更好。

/ 多一些耐心 /

不管你的条件有多差，总会有个人在爱你；不管你的条件有多好，也总有个人不爱你。在对的时间遇到对的人，这是一种缘分，而这种缘分恰恰需要耐心等待、经历种种挫败才能遇见，在你的世界中总会有个人比想象中更爱你。

/ 先提升自己 /

提升了自己才会遇到更好的人，交往的层面是由自身的素质决定的。你从来不读书，自然结交的大部分是肤浅和物质的人，聊的无非是鸡毛蒜皮的事。你是怎样的人，决定了你会有怎样的朋友，也决定了你会有怎样的爱人。

/ 做一个自控力强的人 /

看一个人今后的发展如何，就看一个人对欲望的自控能力。如果可以控制自己的饮食、睡眠、懒惰和抱怨的嘴，那就是一种强大。

/ 看到更大的世界 /

努力的意义是什么？是为了看到更大的世界，是为了可以有自由选择人生的机会，是为了以后可以不向讨厌的人低头，是为了能够在自己喜欢的人出现的时候，不会自卑得抬不起头，而是充满自信、理直气壮地说出那句话："我知道你很好，但是我也不差。"

/ 人生没有白走的弯路 /

相信人生不会亏待你，你吃的苦，你受的累，你掉进的坑，你走过的弯路，都会练就独一无二、成熟、坚强、感恩的你。

/ 再苦也别失去信念 /

心情再差，也不要写在脸上，因为没有人喜欢看；日子再穷，也不要挂在嘴边，因为没有人无故给你钱；工作再累，也不要抱怨，因为没有人无条件替你干；生活再苦，也不要失去信念，因为美好将在明天实现。

/ 别打乱自己的节奏 /

不管全世界所有人怎么说，我都认为自己的感受才是重要的。无论别人怎么看，我决不打乱自己的节奏。喜欢的事自然可以坚持，不喜欢的事怎么也长久不了。

/ 让自己变得强大 /

有时候会讨厌不甘平庸却又不好好努力的自己，觉得自己不够好，羡慕别人闪闪发光，但其实大多数人都是普通的，只是别人的付出你没看到。不要沮丧，不必惊慌，做努力爬的蜗牛或坚持飞的笨鸟，我们试着长大，一路跌跌撞撞，然后遍体鳞伤。坚持着，总有一天，你会站在最亮的地方，活成自己曾经渴望的模样。

/ 别把自己看得太重 /

生活就是你哪怕难过得快死掉了，但你第二天还是照常去上课、上班。没有人知道你发生了什么，也没有人在意你发生了什么。你的未来，只有你自己才知道。既然解释不清，那就不要去解释。没有人在意你的生活，也别让别人左右了你的生活。

/ 生命无法回放 /

时间在变，人也在变。生命是一场无法回放的绝版电影，有些事不管你如何努力，回不去就是回不去了。世界上最远的距离，不是爱，不是恨，而是熟悉的人渐渐变得陌生。

/ 最珍贵的是当下 /

在人生中，每一刻，都要认真地活；每一件事，都要认真地做；每一个人，都要认真地对待，因为缘去即成幻，别让自己徒留为时已晚的遗憾。最珍贵、最需要珍惜的即是当下。

/对生活不失希望/

过一种平淡的生活,安安心心,简简单单,做一些能让自己开心的事。对生活不失希望,微笑面对困境与磨难,心怀梦想,即使遥远。

/学会应对生活的变化/

遇到欣赏你的人,学会感恩;遇到你欣赏的人,学会赞美。遇到嫉妒你的人,学会低调;遇到你嫉妒的人,学会转化。遇到不懂你的人,学会沟通;遇到你不懂的人,学会理解!

/幸福不会缺席/

所谓的幸福,从来都是水到渠成的。它无法预估,更没有办法计算,唯一能做的是:在遇见之前保持相信,在相遇之后寂静享用。宁可怀着有所期待的心等待下去,也不要对岁月妥协,因为幸福也许会迟到,但不会缺席。

/世界那么大,多出去走走/

如果你不快乐,那就出去走走。世界那么大,风景很美、机会很多、人生很短,不要蜷缩在一处阴影中。

做人千万不要太敏感,想太多伤到的反而是自己。说者无心听者有意,随随便便一句话,你都要想东想西琢磨来琢磨去不累吗?很多事情都是听的人记住了,说的人早忘了。

／学会和自己相处／

　　你要试着多爱一些人，试着多等一些岁月，要学会和你的孤独、你的拧巴、你的固执，以及你的懦弱、不完美好好相处。一个人只有和自己相处好了，才能更好地拥抱这个世界。

／一念之间／

　　有些时候我们由于太小心眼、太在意身边的琐事因小失大，得不偿失。有些事是否能引来麻烦和烦恼，完全取决于我们如何看待和处理它。别总拿什么都当回事，别去钻牛角尖，别太要面子，别小心眼。不在意，就是一种豁达、一种洒脱。

／知足的人生／

　　活着就是修行，世间烦恼都是平常事，别让欲望蒙蔽了你的本心。放下计较，耐住寂寞，不恋过去，不惧将来，知足的人生更开阔。

／把握好当下／

　　现在的你，是过去的你所造；未来的你，是现在的你所造！今天的果是昨天的因，今天的因是明天的果。把握今天，活好当下，创造未来！

／退一步也是向前／

　　生活与感情皆陷入困境也是生命中无可奈何之事。倘若连思想和心情都跌落绝境，那岂不就是自讨苦吃，苦上加苦了。"退一步"也是一种向前，生命中有很多的时刻，都必须靠着忍耐达成，所谓"能忍则安"。

/ 学会忘记一些事情 /

有喜有悲才是人生，有苦有甜才是生活。无论是繁华还是苍凉，看过的风景就不要太留恋，毕竟你不前行，生活还要前行。再大的伤痛，睡一觉就把它忘了。背着昨天追赶明天，会累坏了每一个当下。边走边忘，才能感受到每一个迎面而来的幸福。烦恼不过夜，健忘才幸福。

/ 把握自己的节奏 /

每个人都有自己的人生节奏，你没必要和别人比。山高水长，怕什么来不及，慌什么到不了。天顺其然，地顺其性，人随其变，一切都是刚刚好。

/ 每一个眼下和此刻的时段 /

任何东西过去了就过去了，对过去的遗憾你不要投入太多的注意，对将来你也不要抱过多的幻想，这些都是给你制造困难的因素，你真正需要做的就是面对眼下和此刻，你把每一个眼下和此刻的时段珍惜好、使用好和发挥好了，你就有一个非常积极的人生，你就可以做出很多的事情。

/ 心里的两颗种子 /

每个人心里都有两颗种子——善与恶。善多了，恶就少了。恶多了，善就少了。如果你时时向善，遇谁都是贵人，看谁都有温暖，走到哪里都心安。

/ 成败在一念之间 /

在适当的时候，往往有一句关键性的话，就能多一分成就事情的机会。如果在不适当的时机说话，不仅成事不足，而且可能徒增是非和困扰。因此，如何因人、因事、因地讲话非常重要，而这都取决于"一念之间"。一定要用心谨慎，也要好好把握。

/ 急什么，慌什么 /

生活里有许多相似但不尽相同的经历，有痛苦，有快乐，有泪水，也有喜悦。时光在悄然之中一去不复返，很多的人，很多的事，弹指之间就成为回忆。走在这个喧嚣的人间，需要的是一份平和、平静。急什么，慌什么，世界也没改变什么。

/ 过去的让它过去 /

做人生的答卷没有橡皮擦，写上去就无法再更改，过去的就让它过去，否则就是跟自己过不去。真正属于你的，只有活生生的现在，只有握得住当下，才有可能掌控自己的命运。

/ 一个人要学会坚强 /

不想经历大喜大悲，不愿背负太多期盼，想让生活变得简单，想让自己随遇而安，偶尔悄悄幻想，偶尔浅浅浪漫。可是太多时候，还是只能承受负担，独自坚强。在这个匆忙的世界，没人有时间照顾你。你若不坚强，谁替你勇敢。

/ 活在自己的世界里 /

真正的内心强大，就是活在自己的世界里，而不是活在别人的眼中和嘴上。人生在世，无非是笑笑别人，然后再让别人笑笑自己。

/ 最贵的东西都是免费的 /

世界上最贵的东西都是免费的，但同时，也是最珍贵的。拥有了就得小心翼翼地对待，既不能忽视，也不能挥霍。因为一旦失去，就再也没有了。比如时间、健康和别人的爱。

/ 你能承担什么 /

如果你想任性，那就先学会承受，能承受后果才可以任性。如果你想独立，那就先学会坚强。你可以去做一切事情，但前提是不会为结果伤悲。一个人真正的强大，并非看他能做什么，而是看他能承担什么。

/ 面包要自己买 /

努力赚钱，不是因为爱钱，而是这辈子不想因为钱和谁在一起，也不想因为钱而离开谁！如果问爱情和面包我会选择什么，我会说："你给我爱情就好，面包我自己买。"

/ 相处是为对方改变 /

跟你绝配的爱人,并不是天然产生的。你们能一见钟情,并不代表会相处融洽。相处融洽的,不一定会忠心耿耿。真正绝配的爱人,其实都靠打磨产生。你改一点,他改一点,虽然大家都失去点儿自我,却可以成为默契的一对。相爱和相处是两回事。相爱是吸引,而相处是为对方而改变。

/ 还想在一起那么多年 /

好的爱情,是吵架吵了一半,脑袋一蒙,突然就想扑上去接吻。好的爱情,是势均力敌,是你吃我这套,我也吃你那套。好的爱情,是在一起了那么多年,却还想在一起那么多年。

/ 你羡慕别人,别人也羡慕你 /

你羡慕别人生病了有那么多人关心,羡慕别人出去玩有人陪伴,羡慕别人每天有人说早安、晚安,羡慕别人有那么多人记得他们的生日,羡慕别人每个节日都有人祝福,而以为自己什么都没有。其实,在别人眼里,他们羡慕你一个人可以那么坚强,羡慕你一个人可以淡定从容。你羡慕别人,别人也羡慕你,然后各自生活。

/ 静下心来做你该做的事 /

放下你的浮躁,放下你的懒惰,放下你的三分钟热度,放空你禁不住诱惑的大脑,放开你容易被任何事物吸引的眼睛,闭上你什么都想聊两句八卦的嘴巴,静下心来好好做你该做的事。

看清自我的内心

/ 你永远都不会被打倒 /

　　如果你感到委屈，证明你还有底线；如果你感到迷茫，证明你还有追求；如果你感到痛苦，证明你还有力气；如果你感到绝望，证明你还有希望。从某种意义上，你永远都不会被打倒，因为你还有你。

/ 原谅是放过自己 /

　　如果有人伤害了你，可以原谅他，但不要再轻易相信他。原谅是放过自己，而盲目信任只会给他再伤害你的机会。

/ 你的心明亮，世界就明亮 /

　　一个人面对外面的世界时，需要的是窗户。一个人面对自我时，需要的是镜子。通过窗户能看见世界的明亮，使用镜子能看见自己的污点。窗户或镜子并不重要，重要的是你的心。你的心明亮，世界就明亮。你的心如窗，就看见了世界。你的心如镜，就观照了自我。

/ 成为对方的阳光 /

　　和一个人在一起，如果他给你的能量是让你每早都能高兴地起床，每夜都能安心地入睡，做每一件事都充满了动力，对未来满怀期待，那你就没有爱错人。最合适的感情，永远都不是以爱的名义互相折磨，而是彼此陪伴，成为对方的阳光。

/ 沉默是最后的自由 /

沉默可以让混乱的心变得清澈。不用告诉别人你有多愚蠢，多天真，多善良，多幸运，多倒霉，多痛苦，学会用沉默去抚慰自己的情感。也许有人说你洒脱，但洒脱有时候只是一种假象。沉默是睿智，是内涵；沉默是最后的清高，也是最后的自由。

/ 做该做的事才叫成长 /

一个人的豁达，体现在落魄的时候；一个人的涵养，体现在愤怒的时候；一个人的体贴，体现在悲伤的时候；一个人的成熟，体现在抉择的时候。谁都愿意做自己喜欢的事情，可是，做你该做的事情才叫成长。

/ 人生最大的成本 /

人生最大的成本，就是在错误的人际圈里，不知不觉耗尽一生，碌碌无为度过一生！人生最大的喜悦，就是遇见彼此的那一盏灯，你点燃我的激情，我点燃你的梦想；你照亮我的前途，我指引你走过黑暗的旅程。

/ 把时间留给值得的人和事 /

这个世界上有很多事情是不值得我们花心思去焦虑和困扰的，因此千万不要为了那些无关紧要的人、无关紧要的事，让自己陷入无限的纠结和愤怒之中，毕竟它们在我们以后的人生中是微乎其微、不值一提的。要尽量把我们的时间和精力留给值得的人和事。

/ 别等别人发现你优秀的内在 /

没有人有义务必须透过你邋遢的外表去发现你优秀的内在。你必须干净、整洁，甚至精致，这是你做人的基本与尊严，不分男女。

/ 想你的人会主动找你 /

追来的很累，强求的不美。想你的人，总会主动找你；不想你的人，你找了也是不睬不理。一直低三下四，只能贬低了自己；再三委曲求全，只能难为自己。

/ 去想去的地方，做该做的事 /

有梦想的人不做选择题，只做证明题。因此，年轻的你，可以犯错，可以跌倒，但千万不要怀疑自己，也不要放弃梦想。去想去的地方，做该做的事，不迟疑，不徘徊。

/ 每天淘汰自己 /

成功的秘密，就是每天淘汰自己：你不与别人竞争，并不意味着别人不会与你竞争；你不淘汰别人，就会被别人淘汰。别人进步的同时你没有进步，你就等于退步。你没有构建任何适应竞争、抗击风险的能力，当下一次危机来临时，你会不堪一击，第一个倒下的就是你！追求安稳，是坐以待毙的开始！

/ 只需梳理自己的羽毛 /

身外再精彩，他人再美好，都与你无甚关系，你就是你，只需梳理自己的羽毛，飞到你想去的地方；世界再冷漠，别人再虚伪，这些也与你无甚关系，你还是你，若把生活看成一种刁难，你终会输，若把生活当作一种雕刻，你总能赢。

/ 生活不尽如人意，但你总得撑下去 /

　　20岁到30岁这个阶段，是人生最艰苦的一段岁月。人承担着渐长的责任，拿着与工作量不匹配的薪水，艰难地权衡事业和感情，不情愿地建立人脉，好像在这个不知所措的年纪一切都那么不尽如人意，但你总得撑下去，只怕你配不上自己的野心，也辜负了所受的苦难，不要因一次挫败，就迷失了最初想抵达的远方。

/ 懂你的人永远相信你 /

　　你永远不知道别人嘴中的你会有多少个版本，也不会知道别人为了维护自己而如何诋毁你，更无法阻止那些不切实际的闲话。而你能做的就是置之不理，更没必要去解释澄清，懂你的人永远相信你。

/ 要懂得舍得 /

　　人世无常，祸福相依，得到的未必幸运，舍弃的未必遗憾。懂得舍得，才能真正得到你想要的一切。有时看似失去的，它会在你人生的某一个时刻，以另一种方式归来。小舍小得，大舍大得，不舍不得。懂得舍得，才能让你在得失之间泰然处之。

辑二 心安,是最好的归处

《山居秋暝》中写道:"空山新雨后,天气晚来秋。明月松间照,清泉石上流。竹喧归浣女,莲动下渔舟。随意春芳歇,王孙自可留。"

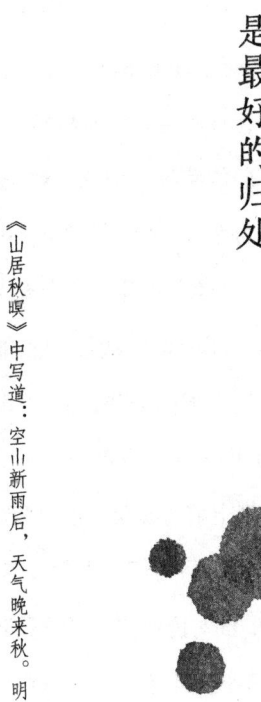

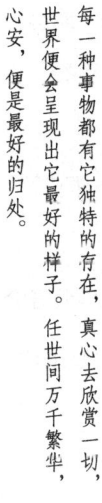

雨后的清秋,带着薄薄的凉意,一轮新月照在松间,清泉在石上缓缓流淌。山林中的一切生灵都在寻找属于自己的那份安宁。

每一种事物都有它独特的存在,真心去欣赏一切,世界便会呈现出它最好的样子。任世间万千繁华,心安,便是最好的归处。

人生难得保持一颗平常心

生活中有太多的诱惑，金钱、美色、美食、荣誉、地位，等等，几乎无处不在。位高权重的地位是诱惑，利多的职业是诱惑，光环般的荣誉是诱惑，欢畅的娱乐是诱惑，甚至漂亮的时装、可口的美味佳肴都是诱惑……面对这些诱惑，如果不能有一颗平常心，那么你的生活注定无法顺利，你的内心无法平静。

下面这两则禅理故事，就很能说明这个问题。

父子二人下山赶集，遇一奇人，卖菜不用秤，"一把抓"，众人围观叫好称奇。父亲对儿子说："我买，他肯定出错。"儿子不信。父亲上前对卖菜人说："我买一斤，若抓对，付你十倍价钱。"卖菜人想了半天，抓了一把菜放在秤上，果然分量出错。诱惑乱心，面对诱惑要有一颗平常心。

一个年轻人问老者："怎样才能攀上梦想的山巅？"老者微

微一笑，从地上捡起一张纸，叠只小船放进身边的小河。小船借着水流一声不吭地驶向远方。途中鲜花向它摇首弄姿，它不为所动，默默前行。

老者说："人的一生诱惑太多，金钱、美色、地位、名誉……选定了奋斗目标，途中因私谋金钱而驻足，因贪恋美色而沉沦，因攫取地位而毁灭，因渴求名誉而浮躁，故难以像小船一样，不为诱惑所动，向着既定的目标默默前行，这就是有些人做事半途而废的原因。"年轻人恍然大悟，打点起行囊，迎着风，向山顶爬去。

那个年轻人在追梦的过程中，果真遇到了金钱、美色、权势等的诱惑，但他不为所动，终于爬上了山顶，成功地实现了自己的梦想。

我们既然无法挣脱这个纷杂喧嚣、物欲横流的社会，就必须让自己的内心拥有一份平常心，只有拥有平常心，才能抵制诱惑。

美国纽约有一家芭蕾舞团，一位资深记者曾去采访该团的首席女芭蕾舞星。当记者问她"您最喜欢吃的食物是什么"时，这位曼妙动人的女舞蹈家兴奋地回答："冰激凌啊！"记者对这个答案感到非常惊奇，因为冰激凌这种甜食含有很高的热量，吃多了会刺激体重的增加，这对舞蹈演员来说可是致命的打击啊！于是，这位记者又追问道："那你隔多久会让自己放纵一次呢？"女舞蹈家的回答是："我至少有18年没有尝过那种美妙的滋味了！"

所有伟大的人物都知道什么对自己最重要，什么是自己要舍弃的，就像那位女舞蹈家最喜欢的冰激凌一样，再美味也必须拒绝！但拒绝这种诱惑和贪念是绝对需要勇气的。

一颗缺乏约束的心灵是空虚的、游离的，就如同失去了家园的灵魂，失去了根的大树，失去源头的大江，只能堕落，只能枯萎，只能干涸……人的一生，总是要经历许多不可预测的事情，但是守住最后的防线，心存高洁，不做灵魂上的背叛者，这是我们应该学会并坚守的。

用平常心抵制诱惑，让自己有暇思索人生、规划人生，让自己获得一份心灵的宁静！

安禅何必须山水

《晚晴集》中有这样一段话:"畏寒时欲夏,苦热复思冬;妄想能消灭,安身处处同。草食胜空腹,茅堂过露居;人生解知足,烦恼一时除。"这段话的意思是,天冷时,就想夏天很舒服;天热时,又想冬天的好,一年四季,都没有舒服的时候。如果能放下这些不切实际的念头,那么,无论身在何处,环境怎么样,都能够感到安定。吃粗茶淡饭胜过饿肚子,住茅草房好过露宿。

人生如果能知足,就会消除烦恼,得到快乐。

苏轼有一个朋友王巩被贬到岭南,几年后才回到京城。岭南的生活条件非常艰苦,还有瘴气,可是,王巩和侍妾的脸上不但没有半点忧愁和风尘之色,反而显得神采奕奕,甚至比以前更年轻。苏轼设酒宴给他们接风,席间,就顺便问了一句:"岭南的生活很苦吧?"没想到,王巩的侍妾答道:"此心安处是吾乡。"

原来，心境真的能够改变客观环境。一样的环境，有的人认为条件足够好，过得很开心，有的人却认为很苦，整天愁眉苦脸。其实，环境既然不能改变，倒不如改变自己的心境，不是吗？

很多人常说想逃离城市的喧嚣，去山间过闲云野鹤般的日子。好像变了环境，就能让自己的心静下来，就能让自己得到真正想要的生活。其实，正如陶渊明的诗中所言："结庐在人境，而无车马喧。问君何能尔，心远地自偏。"只要我们的心灵能够消除杂念，无论在哪里，都能得到真正的宁静。

心凉即是心静，《黄帝内经》中写道："静则神藏，躁则消亡。"俗话说：心静自然凉。要除去暑热的苦恼，就要先除去不堪忍受暑热的苦恼心。只要其心不苦热，身体就如同坐在清凉的庭院里。我们常常感觉到这个世界太复杂，烦恼太多，其实，如果我们不以烦恼为烦恼，自然也能达到"心静自然凉"的境界。

一个心中装满欲望的人，即使身居深山古刹也无法平静；一个内心无欲无求的人，即使住在闹市也不会觉得喧嚣浮躁。世上的烦恼多，皆因世人把自我看得太重，所以才会产生很多欲望和烦恼。假如能明白一切都不是我所能掌握和拥有的，用不着抱怨这个、抱怨那个，那么世间还有什么烦恼能侵害我们呢？

心安即是福

对善良的人来说，最难面对的就是自己的良心。只要我们在做错事后，还能够感到不安，这就是好事。但这并不等于说我们以后就不会再犯错，我们需要以极大的勇气和道德的力量去面对自己的内心。一个人做错事，最大的受害者不是别人，而是自己，因为他要接受良心的谴责。

古希腊哲学家苏格拉底曾说过："我从年轻时就开始有一种特别的现象，每当我要去做一件不该做的事情时，内心都会出现一个声音叫我不要做。"苏格拉底所说的内心的声音就是良知。我们常说："做了这件事，我会良心不安的。"因为自知会良心不安，所以我们才不会去随便作恶。

王阳明是我国明代的心学大师。一天半夜，他的一个弟子捉到一个小偷，看着小偷正当壮年，四肢健全，也不是个大奸大恶之徒，如果送交官府肯定要法办，关上三年五载的。这个弟子有些不忍，便说："你说你一个大活人，干点什么不好呢？出来偷东西，你不觉得良心难安吗？"谁知，小偷却嬉皮笑脸地问道："你能告诉我，我的良知在哪里吗？"

时值盛夏，虽然半夜了，天气还是很热，这个弟子便笑着说："我可以放你走，不过也不能白白放过你啊。看你身上也没什么值钱东西，也就这一身衣服还值点钱了。你就留下你的衣服，走人吧。"王阳明的弟子让小偷先脱掉外衣，接着又让他脱掉内衣。小偷很不情愿地脱掉了。当让他脱掉裤子时，小偷抓住自己的裤腰说："这恐怕不太好吧！"

王阳明的弟子笑着说："你怎么不知道自己的良知在哪里呀，良知不就在这里吗？"他指指小偷的裤子。

俗话说：不做亏心事，不怕鬼叫门。人遇到了挫折和磨难，虽然也会有痛苦和挣扎，但是只要熬过去了，就不会再难过。可是，如果是自己的良心在受着谴责，那么即使再努力、再挣扎，也没有办法逃避痛苦。遮掩，或许可以逃过别人的眼睛，甚至逃过法律的制裁，但唯一逃不过的是自己心灵的谴责。

在一次海难中，有一个人侥幸生存，而其他船员集体遇难。大家都以为他也已经死亡，船主按法律的规定，给每位遇难者的家属一笔不菲的经济补偿。

作为唯一的幸存者,他死里逃生,几经磨难,但他在回家的途中听说,在这次事故中每位遇难者的家属都可以得到高额的赔偿费,便立刻打消了回家的念头。因为他一回去,家人就得不到这笔钱了。而这些钱,如果让他去赚,至少需要20年。

思考再三,他开始了流浪生涯。然而,他的心始终无法安宁,他夜夜失眠,想念妻子儿子,承受着良知的煎熬。终于,他感到无法承受心灵的煎熬,回到了亲人的怀抱。为此,亲人们没能得到那些赔偿,但他心里安宁了。

尽管他选择了远离,但还是无法躲开心债。高额的财富也买不到自己内心的安宁。其实,有时候想想,人们的心灵还真是奇怪,越没有人知道,就越会自己提醒自己。所以,在事情发生的时候,越想要掩藏,就越会受到内心的折磨。所以不如公开,索性让自己受到惩罚,反而可以心安。

当我们欺骗别人的时候,最让人觉得可怕的,不是别人对我们的惩罚和报复,而是我们自己内心的不安。背负着心债过日了,其中的痛苦滋味可想而知。所以,在生活中,我们要尽量避免欺骗他人,否则我们将会永远受到自己内心的惩罚,让自己的内心永远都得不到安宁。在我们的生活中,只有光明磊落,上不愧于天,下不怍于地,人生才是真正的洒脱,我们才能获得幸福。

做错了事，心感到不安，是因为我们原本就是善良的人，但我们都是人，犯错是难免的，受到诱惑也是难免的。然而，这毕竟不能成为我们做错事的借口，做错了，就要去承认，就要去改正。改正了，我们的心也就安宁了。

真正的君子即使是在没有一个人的荒野也绝不会做违背良知的事。但如果他认为某件事值得自己去做，即使顶着再大的压力也会去做，正所谓"问心无愧"。

有一个男人看隔壁的女人带着孩子过日子不容易，经常帮她干点儿活。比如挑水的时候顺便给她捎上一担，家里需要搬什么重物，他看见了就主动上前帮忙。时间一长，村里的人都说这男人和女人关系暧昧。男人的老婆为了这件事和他大吵大闹，还把他的脸挠破了。第二天早上，人们看见男人脸上带着伤赶着马车去赶集，隔壁的女人和孩子艰难地背着一个口袋在行走。男人跳下车，二话不说，把口袋往车上一扔，说："上车！"女人犹豫着说："大哥，这不好吧？"男人满不在乎地说道："怕什么，我问心无愧！"

所以说，人生最可怕的不是磨难，而是违背良知，遭受内心的谴责。

知足常足，知止常止

人不快乐、不幸福，不是因为他拥有得太少，而是因为他不懂得知足、知止。不知足，无论有多少财富他都会觉得自己拥有得太少，永远为得不到的发愁；不知止，不懂得见好就收，最后反而连同到手的都一起失去。陕西汉中张良庙，有两块石碑，其一刻"送秦 椎，辞汉万户"八个大字，另一块上刻"知止"二字。两块碑合起来，也可看成一副对联。张良辅佐刘邦灭了秦朝，天下初定，他便托病隐退，"愿弃人间事，欲从赤松子游"。汉初"三杰"中，韩信被杀，萧何被囚，只有张良因懂得"知止"的妙义得以保全性命。古往今来，真正的英雄伟人，莫不是因懂得"知止"二字的妙义，而让自己功成身退，留下人生最完满的一笔。

几个人在岸边垂钓，其中一位钓者鱼竿一扬，钓上来一条大鱼,足有三尺长,活蹦乱跳的,旁边围观的人都为他齐声欢呼起来。可是,这个钓者却熟练地取下鱼嘴内的钓钩,顺手就将鱼丢进了河里。人群中响起一阵惋惜声,但大家心里又很佩服这个钓者,这么大的鱼还不能令他满意,可见这是个钓鱼高手。就在众人屏息以待之际,钓者鱼竿又是一扬,这次钓上的是一条两尺长的鱼,钓者不屑一顾,又顺手扔进河里。第三次,钓者的鱼竿再次扬起,却是一条不到一尺长的小鱼。围观的人群发出一声失望的叹息,有人心想,早知如此,第一次就不应该丢掉那条大鱼。不料这次钓者却将鱼小心解下,放进鱼篓。

围观的人百思不得其解,就问他:"为何舍大而取小?"

钓者回答:"因为我家最大的盘子不过一尺长。"

对钓者而言,他可以给自己买一个更大的盘子,也可以把鱼切断烹制。所以,在旁观者看来,这个钓者其实是很傻的。但我们都忘了一个重要的问题,那就是,我们肚子的容量是一定的,钓者只要一尺长的小鱼,岂止是因为盘子不够大,他要的是那一份知足常乐的自在生活啊!

如果当下只有一个馒头,我觉得知足,真好,我今天没有饿肚子,多么幸福;如果当下有一桌山珍海味,我也知足,真好,人生可以有这么大的幸福,我还有什么不开心的?有多有少都一样快乐,这样的态度,就是知足。因为知足,内心便充满富足感。而那些不知足的人，总是觉得自己得到的还不够，永远像一个穷人那样说：我太穷了，我拥有的太少了，我何其不幸。

所以，即使他是百万富翁，其实还是个穷人。因为不知足，最后把自己的所有都失去的例子实在太多了。有句话叫"人心不足蛇吞象"，要想真正享受人生的乐趣，基本信条就是"知足常足，知止常止"。

没有宽恕，就没有未来

什么是宽恕？马克·吐温曾经说过："紫罗兰把它的香气留在那踩扁了它的马蹄上，这就是宽恕！"

日常生活中，宽恕并不陌生，也许就在我们身边。公交车上，别人不小心踩到了你的脚，别人说一声"对不起"，你给他一个微笑，回一声"没关系"，这便是宽恕。

仔细想想，宽恕确实会使人快乐。懂得宽恕别人的人，心中没有仇恨的担子，拥有很多的朋友，天天都会开心。不懂得宽恕别人的人，整天斤斤计较，算计自己的损失，只会记仇，因此很难开心。

宽恕是心灵盛开的花朵，是善待他人最好的方式，不苛求、不责怨，给别人也给自己一个机会，化干戈为玉帛。事实上，幸福的人生都是在别人的宽恕中和在宽恕别人中度过的。因为你有一颗博大仁爱的心，你会获得幸福的人生，你的人生是如此快乐而轻松。其实一个人过好生活的每一天并不轻松，只有把你的那些痛苦像包袱一样一次次地扔掉，你才会带着快乐轻装前行。

一个漂亮的女孩不幸遇到车祸而成了残疾人，丈夫却在她尚未康复时就残忍地离开了她。她决定割断自己和他过去的联系，不使自己的未来受控于没完没了的怨恨。她看清楚了丈夫是个什么样的人，于是成功地宽恕了他。这并不意味着她已把心中的创伤忘了个一干二净。她只是开朗地"不念旧恶"，认识到让过去的事情随风而去兴许是最轻松的选择。

当然，宽恕说起来容易，做起来并不是那么简单。比较需要我们宽恕的，往往是那些伤害过我们的人和事，每当追忆起这些痛苦，难免会心中愤愤不平。

然而仇恨从来不能造成"平衡"或"公正"，它往往会使你陷入越来越痛苦的精神炼狱中难以自拔。它像洪水一样漫延，蒙蔽住人的眼睛。甘地说得好：要是大家都把"以牙还牙、以眼还眼"当作人生法则，那么整个世界早就乱作一团了。

第二次世界大战期间，一支部队在森林中与敌军相遇发生激战，最后两名战士与部队失去了联系。他们之所以在激战中还能互相照顾、彼此不分，是因为他们是来自同一个小镇的战友。两人在森林中艰难跋涉，互相鼓励、安慰。

十多天过去了，他们仍未与部队联系上，幸运的是，他们打死了一只鹿得以维持生命。这一天他们在森林中又遇到了敌人，经过再一次激战，两人巧妙地避开了敌人。就在他们自以为已经安全时，只听到一声枪响，走在前面的战士中了一枪，幸亏伤在肩膀上。

后面的战友惶恐地跑了过来，他惊恐得语无伦次，抱着战友的身体泪流不止，赶忙把自己的衬衣撕了用来包扎战友的伤口。

晚上，未受伤的战士一直念叨着母亲，两眼直勾勾的。他们都以为生命即将结束，身边的鹿肉谁也没动。天知道他们怎么过的那一夜。第二天，部队救出了他们。

时隔30年后，那位受伤的战士安德森说："我知道谁开的那一枪，他就是我的战友。他去年去世了。30年前他抱住我时，我碰到了他发热的枪管，但我当时就宽恕了他。我知道他想独吞所有的鹿肉，但我也知道他那样做是为了活下来见他的母亲。

"此后30年，我装着根本不知道此事，也从未提及。战争太残酷了，他母亲还是没能等到他回来，我和他一起祭奠了老人家。他跪下来，请求我原谅他，我没让他说下去。我们又做了二十几年的朋友，我没有理由不宽恕他。"

总有一些人这样认为，只要你不原谅对方，他一定会因为内疚而沉痛。其实真正痛苦的是你自己，你不能原谅对方，因此你的心情永远处于那种责怪之中，为此你耿耿于怀，为此你闷闷不乐，为此你寝食不安，为此你愤愤不平。

我曾看过一篇题为《苏格拉底与失恋者的对话》的文章。失恋者说他很痛苦，苏格拉底答道：如果失恋了没有悲伤，恋爱也就没有味道了。失恋者说：到手的葡萄丢了真遗憾。苏格拉底答道：丢了就丢了，何不继续向前走，鲜美的葡萄还很多。失恋者说：他想用自杀来表示他的诚心。苏格拉底答道：如果这样，你不仅失去了你的恋人，同时还失去了自己，你会得到双倍的损失。

宽恕不但是原谅他人的错，更是让自己从那些伤害自己的情绪中解放出来。著名作家德斯蒙德·图图曾在自己的作品中说过这样一段话："……为过去困扰、折磨、无法解脱，生活品质受到严重损害。无论我们多么有理，我们的不宽恕只能伤及自己。气愤、仇恨、恼怒、痛苦、报复……这一切都是死神的精灵，会像夺去苏西的生命那样，也会夺去我们的'一部分生命'。我相信，我们要成为全面、健康、快乐的人，就要学会宽恕。"

不懂得宽恕的人，拆掉了他自己也得通过的桥梁，因为每一个人都需要获得宽恕。宽恕不仅仅是给别人，更是给自己的美好生活创造了一个机会和平台，通过和解，相逢一笑泯恩仇。因为，没有宽恕，就没有未来。

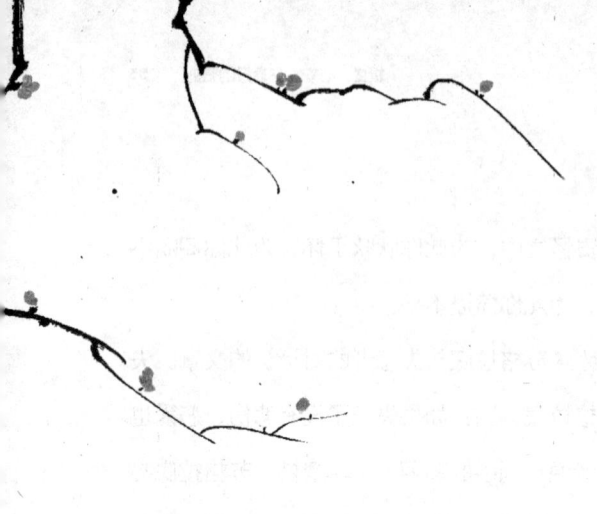

心安的人，做人才会有高度

生活中难免遇到心烦的事情，如果一直被烦恼包围，不仅心情会很沉重、郁闷，而且对身体也不好。长时间郁闷，人的内心就会烦躁，让自己陷入痛苦的深渊。

人生在世，不如意的事情很多，最重要的是自己要学会安心。

从前有个国王独自到花园散步，使他万分诧异的是，花园里的花草树木都枯萎了。后来国王了解到，橡树由于没有松树那么高大挺拔，因此轻生厌世死了；松树又因自己不能像葡萄那样结出许多果实，也嫉妒而死；葡萄则哀叹自己终日匍匐在架子上，不能直立，不能像桃树那样开出美丽的花朵，于是也死了；牵牛花也病倒了，因为它叹息自己没有紫丁香那样芬芳……其余的花草等植物也都是因为自己的平凡而垂头丧气、无精打采，只有细小的心安草茂盛地生长着。

国王看了看平凡得不能再平凡的心安草问道："别的植物都枯萎了，为什么你却生长得这般勇敢乐观，毫不沮丧呢？"

心安草回答说："国王啊，那是因为我一点也不灰心失望，也没有非分之想，我只想好好做棵心安草。"

这个故事传达给我们一个最简单明了的道理：心安是福，心安，才能快乐健康地成长；心安，才能让自己少一些嫉妒、叹息、厌世等阴暗的东西；心安，心灵才会明亮，不受世俗的纷扰。否则，即使你拥有再多，如果不能心安，也永无知足与感恩。

一个人如果心放宽了，世界就开阔了。有句话说：发上等愿，结中等缘，享下等福；择高处立，就平处坐，向宽处行。实是道出了人生的玄机。向宽处行是生活的至理，只有把心放宽，人生的路才会更宽。

一个人懂得了心安，就是学会了宽容别人。多一点对别人的宽容，我们的生命就多了一点空间。有朋友的人生路，才会有关爱和扶持，才不会有寂寞和孤独；有朋友的生活，才会少一点风雨，多一点温暖和阳光。其实，宽容永远都是一片晴天。

一个人懂得了心安，就是学会忘却。人人都有痛苦，都有伤疤，动辄去揭，使添新创，旧痕新伤难愈合。忘记昨日的是非，忘记别人先前对自己的指责和谩骂，时间是良好的止痛剂。学会忘却，生活才有阳光，才有欢乐。

一个人懂得了心安，就是学会不计较。每个人都有错误，如果执着于其过去的错误，就会形成思想包袱，不信任、耿耿于怀、放不开，限制了自己的思维，也限制了对方的发展。即使是背叛，也并非不可容忍。能够承受背叛的人才是最坚强的人，也将以他坚强的心智占据主动，以其威严给人信心、动力，因而更能够防止或减少背叛。

一个人懂得了心安，就是学会潇洒。"处处绿杨堪系马，家家门底透长安。"宽厚待人，容纳非议，乃事业成功、家庭幸福美满之道。事事斤斤计较、患得患失，活得也累，难得人世走一遭，潇洒最重要。

一个人懂得了心安，就是学会包容，在别人和自己意见不一致时也不要勉强。从心理学角度来看，任何的想法都有其缘由，任何动机都有一定的诱因。了解对方想法的根源，找到他们意见提出的基础，就能够设身处地，提出的方案也更能够契合对方的心理而得到接受。消除阻碍和对抗是提高效率的唯一方法。任何人都有自己对人生的看法和体会，我们要尊重他们的知识和体验，积极吸取其精华，做好扬弃。

一个人懂得了心安，就是学会忍耐。同伴的批评、朋友的误解、过多的争辩和"反击"实不足取,唯有冷静、忍耐、谅解最重要。相信这句名言:"宽容是在荆棘丛中长出来的谷粒。"能退一步,天地自然宽。

生活中,一个懂得心安的人是智慧的,心安胸怀就宽广了。法国大文豪雨果曾经这样感叹:"世界上最宽广的是海洋,比海洋更宽广的是天空,而比天空更宽广的是人的胸怀。"

学会心安,天地自宽,学会心安,人生才会有高度。

心安即是幸福

心灵禅语，句句充满智慧

/ 治愈自己的只有自己 /

这个世界上没有不带伤的人。无论什么时候，你都要相信，真正治愈自己的，只有自己。不去抱怨，尽量担待。不怕孤单，努力沉淀。身处低谷时，不要打扰任何人，把痛藏好，把嘴闭上。要记住：小孩子才会到处诉苦，成年人得学会自己扛。

/ 微小的习惯 /

习惯，是一种顽强而巨大的力量。它可以主宰人生，成功源于习惯。习惯源于日常，每天多翻几页书，坚持运动，持续自省，这些微小的习惯，都会带你去到更远的地方。

/ 时光不负有心人 /

如要锻炼一个能做大事的人，必定叫他吃苦受累，百不称心，才能养成坚韧的性格。时光不负有心人，等你埋头走了很长的路，抬头就可以看见满天星辰。

/ 让你的心静下来 /

即便是再清澈的水，如果在杯中不停地摇晃，它会变得浑浊；

即便是再浑浊的水,如果将它静静地放着,也会变得清澈。我们的心也是如此。如果你没有给它时间去沉淀去净化,而总是妄想丛生、纠葛不断,那么它就会如摇晃的水一样浑浊。让你的心静下来,清明澄澈。

/ 活着的最好状态 /

不要期待,不要假想,不要强求,顺其自然,如果注定,便一定会发生。心安,便是活着的最美好状态。

/ 做自己的决定,然后承担后果 /

学会低调,取舍间,必有得失。做自己的决定,然后准备好承担后果。慎言,独立,学会妥协的同时,也要坚持自己的底线。明白付出并不一定有结果。过去的事情可以不忘记,但一定要放下。

/ 活给自己看 /

行路中,我们总觉得某人很重要,总想有意去逢迎,可等走远了再回首,与你关系密切的,也就那么寥寥几个,许多人不过是花开一季,常在无形中淡出了你的视野。一辈子不长,活给自己看,这个是根本。

/ 你还要过下去 /

别和小人过不去,因为他和谁都过不去;别和社会过不去,因为你会过不去;别和自己过不去,因为一切都会过去;别和往事过不去，因为它已经过去；别和现实过不去，因为你还要过下去。

/ 不同层次的鱼游不到一起 /

　　人与人之间的关系，就像水中的鱼，不同层次的鱼根本游不到一起，不同层次的人也不可能成为真正的朋友，因为各自的人生阅历、价值观不同，对待世界和自然的心态亦不同。

/ 另一种方式看清自己 /

　　不要忘掉别人生气时说的话，因为往往那才是真相；不要记恨说这话的人，因为这是他用另一种方式让你看清楚自己。

/ 不在乎你的人，你也不必在乎他 /

　　如果有人拿你不当回事，没必要因此生气。更别鼓足了劲去表现，非要证明自己多出色。这样做会累死你，因为拿你不当回事的人多着呢，你无法满足所有人的眼光，最好的办法是谁不在乎你，你也不必在乎他。

/ 先让自己足够强大 /

　　你弱，你需要靠讨好活下去，就没有人把你当朋友。不属于你的圈子不要硬挤，头破血流也没意义，等你足够强大，相应的圈子会主动来吸纳你。

/ 坚强超乎你的想象 /

生活不可能像你想象的那么好,但也不会像你想象的那么糟。其实,人的脆弱和坚强都超乎自己的想象。有时,我们可能脆弱得一句话就泪流满面,有时,也发现自己咬着牙走了很长的路。

/ 经历才是真的 /

和谁都别熟得太快,不要以为刚开始话题一致、共同点很多,你们就是相见恨晚的知音。语言很多时候都是假的,一起经历的才是真的。

/ 人生最大的变化 /

人生每个阶段,都需要做不同的选择。没有人需要做永远相同的决定。曾经的错,或许将来是对的。曾经的对,却是未来要放弃的。不要为此而惆怅,不是你变了,而是你提升了。变好,是人生最好的变化。

/ 豁然开朗的人生 /

命运不会总是偏袒你,也不会总是忽略你。它在为你关上一道门的时候,也会为你开一扇窗,学会放下,你的人生将会豁然开朗,生命才能够月朗风清。

/ 学会接受生命的残缺 /

人不可能同时拥有春花和秋月,也不可能同时拥有繁花与硕果。

在这个世界上,没有完美无缺的选择。要学会权衡,学会放弃,学会心平气和,学会接受生命的残缺,然后才有可能得到。

/ 每一个当下都自在 /

所有经历的事、遇见的人,都会浓缩成一个词——过去。得或失,成或败,无论快乐还是痛苦,都会过去。人不能总沉迷在回忆中,不管怎样,生活都要向前看,把自己从过去中解放出来,心情不要随着成败、得失而波动,让每一个当下都自在、开心。

/ 一颗澄明无物的禅心 /

有时,参禅只在一瞬间。一杯茶,一叶草,一尾鱼,一粒沙,一株桃花,世有千态,心有万言,便可从中拾得一颗澄明无物的禅心。

/ 以欢喜的心想欢喜的事 /

聪明的人,凡事都往好处想。以欢喜的心想欢喜的事,自然成就欢喜的人生。愚痴的人,凡事都朝坏处想,愈想愈苦,终成烦恼的人生。世间事都在自己的一念之间,我们的想法可以想出天堂,也可以想出地狱。

/ 被时间推着向前走 /

当明天变成了今天,成为昨日,最后成为记忆里不再重要的某一天。我们突然发现自己在不知不觉中已被时间推着向前走,这不是在静止的火车里与相邻列车交错时，仿佛自我在前进的错觉，而是我们真实地成长，在这件事里成就另一个自我。

/ 拥有足够的勇气 /

　　被岁月打磨过的日子才足够厚重，因为我们拥有足够的勇气去经历不一样的风景，也有足够的善良去接受久违的感动。

/ 不慌不忙，接受一切 /

　　时光浅浅行，却宁静致远；人生慢慢走，终会抵达彼岸。愿你不慌不忙，接受一切，也释然一切，所有经历都沉淀成心间的风景，不伤不悔，供一生回味。学会欣赏别人，就是尊重自己；学会呵护别人，就是疼爱自己。

/ 轻轻走路，用心过活 /

　　我们要轻轻走路，用心过活。我们要温和地呼吸，柔软地关怀。我们要深刻地思想，广大地慈悲。我们要爱惜一棵青草，践地唯恐地痛。这些，都是修行。

/ 遇事无须太执着 /

　　我们要走的路，有着太多的不确定，他人的一句劝诫，自己的一个闪念，偶尔的得与失，都时刻在改变着我们命运的走向。世事难以预料，遇事无须太执着，谁都无法带走什么，又何必纠结于某一人、某一时、某一事。

/ 用简单的心看世界 /

在滚滚红尘中，坚持做一个清醒的人。在物欲横流中，坚持做一个干净的人。在众人都说人心叵测时，坚持相信人性的善良。在别人都笑你傻时，坚持用简单的心、天真的眼睛看世界。

/ 世上没有一帆风顺的事 /

打垮你的，不是别人，而是你自己。不要把一次的失败看成人生的终审，世上没有一帆风顺的事，只有坚强不倒的信心与毅力。

/ 自己内在的芬芳 /

真正的勇者不是高调的人，而是敢于低眉的人。越是张扬的人，越是一无是处；越是低调的人，越是蕴藏着不可估量的能力。低调之人如淡雅之花，不靠华丽的外表吸引他人眼球，而用自己内在的芬芳让人敬服。

/ 离开是另一种开始 /

叶子终究会离开树木，这与风无关，与雨无关，而是自然规律的安排。该来时会来，该走时会走，离开却并不意味着结束，而是另一种开始。

/ 没有人是一座孤岛 /

没有人是一座孤岛，只是和爱失去了链接。没有问题会成为真正的制约，只是没有看清脚下的路。我们只是走着走着，迷惑了、疲惫了，把本来的净土走成了迷宫。

/ 好的人生不慌不忙 /

别焦虑，人跟人的生活节奏不一样，当你平静地把该做的事都做好，生活自会把该给你的东西在合适的时候一样一样都给你，好的人生不慌不忙。

/ 做一个不动声色的人 /

从今天起，你要去做一个不动声色的人。不准情绪化，不准偷偷想念，不准回头看，去过自己另外的生活！你要明白，不是所有的鱼都会生活在同一片海里。

/ 生命是一场花开 /

以莲的姿态站立成一道风景，用禅心解读寂寞。于纷繁红尘中觅得一处静谧，轻轻将尘埃弹落，随清风曳舞，仰首向天而歌。日栖云，夜寝月。若生命是一场花开，愿用一生赴一次心灵之约，感恩懂得。悠然而立，笑看花开，自在随和，静赏花落。

/ 欣愉无须言语 /

这世间，最远与最近的距离，是心灵与心灵的距离，你若懂得，一个眼神，已然交汇万千。有时，欣愉是不需言语的，就像佛家的禅，不可说。

/ 盯着脚下的路 /

过分关注别人田地里的稻谷,自己的田地反而会荒芜。只有盯着脚下的路,一步一步用心积累,才可以走出自己的滋味和乐趣。很多时候,月有月的明亮,星有星的璀璨,与其在别人的辉煌里仰望,不如专心提高自己。

/ 各有所爱 /

别指望所有的人都能懂你,因为萝卜白菜,各有所爱。你做了萝卜,自然就做不成白菜。

/ 优秀的人懂得尊重别人 /

不要觉得别人尊重你,是因为你很优秀。慢慢地你会明白,别人尊重你,是因为别人很优秀;优秀的人更懂得尊重别人。对人恭敬其实是在使自己庄严。

/ 心简单,世界就简单 /

多心的人活得辛苦,因为太容易被别人的情绪左右。多心的人总是胡思乱想,结果困在一团乱麻般的情绪中,动弹不得。心简单,世界就简单,幸福才会生长;心自由,生活就自由,到哪都有快乐。有时候,与其多心,不如少根筋。没心没肺,才能活着不累!

/ 走好每一步路 /

聪明的人,懂得在人生的路途中用享受的心态面对一切悲欢离合，人生并不是很长，用心写好每一个字，诚挚走好每一步路。不用到别处去寻找，因为你一直就在幸福的路上。

/ 尽心尽力做好自己的事 /

别人想什么做什么，你都无法改变。唯一可以做的，就是尽心尽力做好自己的事，走自己的路，按自己的原则，好好生活。不去表演，不去伤害，不去期待，不是你的，强求不来，命中注定，必会发生，活着不为取悦任何人，不要委屈了自己。

/ 人生何必太敏感 /

做人不要太敏感，不要别人回一个"哦"，就觉得别人冷落你了；不要被人回一句"呵呵"，就觉得对方讨厌自己；别人叫你自己看着办，你就觉得别人不够在乎你。不要太敏感、想太多，什么事都往最坏的方向去想，什么事都对号入座，何必那么累。

/ 学会淡然一笑 /

一个人的成熟，并不表现在获得了多少成就上，而表现在面对那些厌恶的人和事，不迎合也不抵触，只淡然一笑对之上。当内心可以容纳很多自己不喜欢的事物时，这就叫气场！

/ 没人可以左右你的人生 /

总要经历一些背叛、一些心酸，才能把人心看明白。没有人可以左右你的人生，只是很多时候我们需要多一些勇气，去坚定自己的选择。有些记忆，注定无法抹去；就像有些人，注定无法代替。

/ 我们都是孤独的行者 /

永远不要怪别人不帮你，也永远别怪他人不关心你。活在世上，我们都是独立的个体，痛苦难受都得自己承受。没人能真正理解你，石头没砸在他脚上，他永远体会不到有多疼。人生路上，我们都是孤独的行者，真正能帮你的，永远只有自己。

/ 一定要学会释放 /

我们总是像智者一样去劝慰别人，却像傻子一样折磨自己，很多时候，跟自己过不去的是自己。心本身不大，千万不要背负太多。昨天的纠结，只会囚禁你的今天和明天。人生，一定要学会释放！

/ 说话做事留有余地 /

说话留余地是一种修养，所谓人情世故，一半都与说话有关，在话语中逞威风，最易惹出是非。话不言尽，留三分不点透，才能给他人留颜面，给自己留后路。

/ 拒绝焦虑，活好自己 /

焦虑就是浪费时间，它不会改变任何事，只能搅乱你的脑袋，偷走你的快乐。不要羡慕别人比你成熟。那是因为，一路走来，他们遇见的坏人比你多。活着不是靠泪水博得同情，而是靠汗水赢得掌声！

心平气和的生活功夫

/ 好好地说每一句话 /

我们都习惯于和亲近的人发脾气，而把温和的一面留给陌生人。因为知道亲近的人不会转身，不舍得离开，没法轻易断掉你们之间的联系，你就可以肆无忌惮地做所谓的"自己"。你要明白，你说出口的那些伤害总有一天会让自己疼也让别人疼，所以想要开心地在一起，就请好好地说每一句话。

/ 多考虑别人的感受 /

在这个世界上，除了你的父母可以没有条件地容忍你之外，在所有的人际交往当中，我们都要学会克制自己，拿自己更好的一面去和别人交往。这个和虚伪没有关系，我们都要在和别人的关系当中，尽可能地考虑别人的感受。

/ 无声无息地忘记痛苦 /

如果痛苦是杯苦酒，你要不动声色地把它喝下去；如果痛苦是道伤疤，你要让它成为脸上的微笑。有些话，适合烂在心里，有些痛苦，适合无声无息地忘记。

/ 没几个人值得你弯腰 /

别总因为迁就别人就委屈自己，这个世界没几个人值得让你总弯腰。弯腰的时间久了，只会让人习惯于你的低姿态、你的不重要。

/ 前方有更好的风景 /

不要过分依赖友谊，或者花很多心思去猜度身边的人对你是否真心，一个人生活不会死，体会孤单是成长必修课，谁都要经历。人生路漫长，如果有一段实在没人陪你热闹同行，你要对踽踽独行的自己说，走过这段就好，前方有更好的风景和更好的人等着自己。

/ 每天做好分内的事 /

真实的生活是去认真做好每一天你分内的事情。不索取目前与你无关的爱与远景。不去妄想，不在其中自我沉醉。不伤害，不与自己和他人为敌。不去表演，也不相信他人的表演。

/ 看人先看己 /

不要用自己的方式去要求别人，评论一件事，要出言有尺，也要唏嘘有度。天下无完人，眼是一把尺，看人先看己；心是一杆秤，称人也称己，心中有德，是慈悲；口下留情，是善良。一个人的涵养来自大度，来自宽容；一个人的修为，是懂得包容，懂得尊重。目中有人，才有路可走；心中有爱，才有事所为。

/ 时间是治愈伤痛的良药 /

要学会知足，但是不要轻易满足，有些事，要得到，就必须学会先放下。时间是治疗心灵伤痛的最好良药。痛苦，需要靠我们自己去慢慢化解，每天给自己一个希望，试着不为明天而烦恼，不为昨天而叹息，只为今天更美好。

/ 保持平静的心情 /

如果别人惹了你，并不需要去报复。因为智商差是这世上最远的距离，别人做一件极坏的事，你跟着做，就等于把自己也拉低到同样层级。当有人和你过不去时，请远离小人，保持平静的心情。不要生气，但更不要记得。对付一个人最狠的办法，不是教训他，而是从记忆里删除他。

/ 不用向别人证明什么 /

生活有两大误区：一是生活给人看，二是看别人生活。只要自己觉得幸福就行，用不着向别人证明什么。不要光顾着看别人，走错了自己脚下的路。

/ 人的三次长大 /

人会长大三次。第一次是在发现自己不是世界中心的时候。第二次是在发现即使再怎么努力，终究有些事还是无能为力的时候。第三次是在明知道有些事可能会无能为力，但还是会尽力争取的时候。

/ 胜利属于有耐心的人 /

逆境，是上天帮你淘汰竞争者的地方。要知道，你不好受，别人也不好受，你坚持不下去了，别人也一样，千万不要告诉别人你坚持不住了，那只能让别人获得坚持的信心，让竞争者看着你微笑的面孔，失去信心，退出比赛。胜利属于那些有耐心的人。

/ 靠自己站起来 /

  你未来的命运是由你现在所做的一切决定的，根本掌握在自己的手里，别人是不能左右的。别人能够给予我们的只能是外界的一些帮助，最终还要靠自己站起来。与其埋怨命运，不如反思自己；与其依靠别人，不如使自己强大。

辑三

从容，才能静守自己的天地

《终南别业》中写道：中岁颇好道，晚家南山陲。兴来每独往，胜事空自知。行到水穷处，坐看云起时。偶然值林叟，谈笑无还期。

无论经历了多少沧桑变迁，山都仍一如既往地保持无言。而正是这份无言的陪伴与安慰，让每一颗受伤的心洗去尘埃，亮如明镜。

行到水穷处，坐看云起时，将身心都投入山水的怀抱。所谓的简洁、纯粹，不过是一个人尝过人生百味后、还剩一份自在、从容的情怀。

安好你的心，从容生活

非洲的某个土著部落迎来了从美国出发的旅游观光团。部落中有一位老人，他正悠闲地坐在一棵大树下面，一边乘凉，一边编织着草帽。

编完的草帽，他会放在身前一字排开，供游客们挑选购买。10元一顶的草帽，造型别致，而且颜色搭配非常巧妙。他的那种神态，真的让人感觉他不是在工作，而是在享受一种美妙的心情。

这时候，一位精明的商人盘算开了："这样精美的草帽如果运到美国去，至少能够获得10倍的利润吧！"

商人对老人说："假如我在你这里定做一万顶草帽的话，你每顶草帽给我优惠多少钱呀？"

他本来以为老人一定会高兴万分，可没想到老人却皱着眉头说:"这样的话啊,那就要20元一顶了。"

批发反而要加价,这是他从商以来闻所未闻的事情。

"为什么?"商人很疑惑。

老人讲出了他的道理:"在这棵大树下悠闲地编织草帽,对我来说是种享受。可如果要我编一万顶一模一样的草帽,我就不得不夜以继日地工作,疲惫劳累,失去了从容,失去了快乐。难道你不该多付我些钱吗?"

人最宝贵的东西是生命和心灵,把生命照看好,把心灵安顿好,人生即是圆满。只有把心灵安顿好,我们才能身处喧嚣的都市中,把钢铁水泥化为青山绿水,诗意地栖居、轻灵地飞扬;宠辱不惊、顺其自然,学会大度看世界、从容过生活。只有这样,我们才能成为一个快乐的人,才能享受到真正的幸福。

英国和芬兰的研究人员通过对2000多名英国公务员的工作状态和心理健康状态的调查发现,每天工作11个小时以上或每周工作55个小时以上的人,与每天工作七八个小时的人相比,患抑郁症的风险要高出两倍多。

随着商业经济的快速发展,现代人的生活节奏越来越快,忙碌、躁动使我们心力交瘁。我们牺牲了宝贵的健康和悠闲生活,换来的是物质的过度消费和心灵的空虚。如何寻求一种更加健康的生活方式,一直是困扰现代人的难题。因为我们做事贪快、求快，结果只是做一些表面功夫，很少有人能把事情做到位。在做事的时候，多些从容闲暇，不但能够提高我们的工作效率，还有利于我们的身体健康。

金庸先生曾说："我的性子很缓慢，不着急，做什么事情都是徐徐缓缓的，但最后也都做好了。人不能老是紧张，要有张有弛，有快有慢，这样对健康很有好处。"

的确，我们看见那些"慢性子"的人做什么事都慢慢来，可是，我们也没见他们比别人少做了什么事。饭照样吃，工作照样做，甚至有的人，你明明看他成天悠然自得，日子却依然过得比别人滋润。这是因为他掌握了正确的工作方法，所以不必忙碌，也依然能够做好一切。我们也一定看到过生活中那些忙忙碌碌的人，反倒是一些没有作为的人。他们忙，却什么事也没有做好，什么事情也没有真正完成。就像写文章，有的人一个月写了几十万字，却不可卒读，有的人只写了一万字，却字字珠玑。求快的那个人虽然花了不少时间，可是，他并没有真正完成一件事情。从容的人，每天喝喝茶、散散步，把身心调整后，再慢慢下笔，不慌不忙，交出的反而是完美的作品。

所以，我们看到做事从容的人，从来不给自己安排超出能力范围的工作，除了工作以外，他们还会给自己休息和娱乐的时间。有涵养的人必定是非常稳重的，无论遇到什么事都能保持言语动作和平时一样。比如说,当我们遇到开心的事情时,必然会言语加快,向别人宣布好消息,或者在说话时手舞足蹈,以显示自己的高兴;当遇到不开心的事情时,就会意志消沉、情绪低落,被人一眼看穿。有涵养的人则喜怒不形于色,遇到再大的困难,他们都不会表现出惊惶失措,他们会在私下尽量设法解决,等到问题已经解决的时候,其他人可能还浑然不知。

有涵养的人之所以受人尊重,是因为他们的举手投足都给人以优雅、深沉的感觉。我们在遇到开心的事情时,可能忘乎所以、喜形于色,什么礼仪风度都抛到了脑后;遇到不开心的事情时,会伤心难过、到处诉说,甚至诅咒谩骂。

而有涵养的人无论在什么时候,都能保持那份从容,好像天下事都不在他的心中,任何事情都动摇不了他,甚至让人感觉天下事似乎尽在他的预料中,所以他们才会如此不动声色。

少一份争执，多一份从容

一位著名的企业家说过："不要轻易和人发生争执，争来争去不仅会伤了彼此的和气，还会平添无谓的烦恼。"言语上的争执，并不能使我们得到什么，相反，还会让我们失去平静解决事情的机会，造成不必要的麻烦和后果。

人与人之间难免发生摩擦，产生争执。爱计较的人，有一点矛盾就抓住不放，常因此弄巧成拙。某电视台报道了这样一个事件：在一座立交桥上，两辆轿车因为拥堵发生了小小的剐蹭。结果，两车上的司机互相指责，先是发生了口角，后来竟然大打出手，最后两个人都头破血流、住进了医院。

在上下班高峰时，人多车挤，两辆车发生一点小摩擦在所难免，但双方却因此争执不下，终至酿成苦果。暂且不论到底谁错在先，谁违反了交通规则，单就争执这件事本身就很值得反思。

其实，静下心来想一下，人生在世，人与人之间很少会有什么不共戴天的仇怨。但偶尔与人发生一些小的摩擦，却是常有之事。

有人曾经做过统计，几乎90%的刑事案件都是因为小事而争执引起的。许多夫妻之所以离婚，也是因为双方永无休止的争执。为了一些琐碎的生活小事，夫妻双方各执一词，互不相让，最终使本来美满的家庭走向了破裂。

所谓"忍一时风平浪静，退一步海阔天空"，对于一些非原则性的争执，我们还是少些为妙。有位情感专家曾劝诫那些年轻的夫妻："如果有一天你跟爱人发生争执，你就让他赢，他又能赢到什么？所谓的输，你又输掉了什么？这个赢和输，只是文字上罢了。我们大部分的生命都浪费在语言的纠葛中。其实，在很多时候，争执并没有留下任何输赢，却失去了很多本应珍惜的感情！"

因此，我们要学会放下自我，丁人丁己，少些无谓的争执。只有这样，我们才能腾出时间，从容地面对真正的挑战，才能集中精力做一些有意义的事情。

颜回是孔子的得意门生。有一次颜回看到一个买布的人和卖布的人在吵架，买布的大声说："三八二十三，你为什么收我二十四个钱？"

颜回上前劝架，说："是三八二十四，你算错了，别吵了。"

那人指着颜回的鼻子说："你算老几？我就听孔夫子的，咱们找他评理去。"

颜回问:"如果你错了怎么办?"

买布的人答:"我把脑袋给你。你错了怎么办?"

颜回答:"我把帽子输给你。"两人找到了孔子。孔子问明情况,对颜回笑笑说:"三八就是二十三嘛。颜回,你输了,把帽子给人家吧!"

颜回不知道老师葫芦里卖的什么药,只好把帽子摘下,交给人家。那人拿着帽子高兴地走了。

待人走后,孔子告诉颜回:"说你输了,只是输一顶帽子;说他输了,那可是一条人命啊!你说帽子重要还是人命重要?"

明明对方错了,却不争不斗反而认输,虽然自己吃点小亏,但使别人不受损,我们在生活中其实也做过很多类似的让步。比如,上司明明错了,你还得忍气吞声,点头赞同上司;父母年纪大了,你明知他们的观点不对,但还要服从他们。我们做出让步的同时,心里一定都不痛快,因为我们认为这是忍让、是屈从。因为我们对强权和强者忍让太多次,所以对那些不如我们的弱者反倒咄咄逼人,反而不愿意忍让。真正的忍让是发自内心的,是一种快乐和解脱。比如,一大早你就出门,迎面却被一辆三轮车剐了一下。三轮车主很害怕,你却只是轻轻地说:"没事,你走吧!"事后,你对朋友说:"看他怪可怜的,一大早就去拉货挺不容易的，赔我一件衣服他一天就白干了。"

　　你的宽容会让你从心底感到快乐。这样的人生淡定从容，是真正的大度，是真正的大快乐。

心无浮躁，自有淡定从容

最好的心境，是静心和沉稳。

水面静，才能映出完整的月亮，心静才能接收外界良好的信息，人才有良好的心态，心态决定人生的成败和苦乐。

然而现实生活中，想做到静心却很难。因为浮躁往往会伴随着我们一生，我们一生都在自觉或不自觉地同浮躁作斗争。只有战胜浮躁，我们才能够真正主宰自己。可以说，浮躁是人生的大敌。

做官不能浮躁，一旦浮躁，势必成为庸官；做学问不能浮躁，一旦浮躁，势必一事无成；做人不能浮躁，一旦浮躁，势必为人浅薄。浮躁二字，害人不浅。

确切地说，浮躁是一种焦虑不安的心态。进取心太切，患得患失；虚荣心太强，战战兢兢。一心争强好胜，唯恐榜上无名。说起来夸夸其谈头头是道，仿佛一肚子雄才大略，做起来偏偏心中无数手足无措，因而时刻担心一着不慎，满盘皆输。以上这些，都是浮躁的根源。

浮躁是幸福的大敌，只能带给你焦虑不安的人生。因此，我们要学会如何不浮躁，学会让自己的身心处于一种宁静祥和的状态，这种状态就是从容。从容是对浮躁的彻底否定，是一种超然的智慧，更是一剂良方。

"行到水穷处，坐看云起时。"人生需要一颗安静的心、一份淡然的超越、一份从容和淡定。

从容，即舒缓、平和、朴素、泰然、大度、恬淡之总和。从容是一种力量，不是淡漠也不是激愤。它可以使人站在一个更高的角度看生活，而不被生活愚弄，不被世事纠缠。自古至今，对于大多数人而言，这都是一种难得的境界和气度。从容之人，为人做事不急不慢、不躁不乱、不慌不忙、井然有序，面对外界环境的各种变化不愠不怒、不惊不惧、不暴不弃。虽遭挫折而不沮丧，虽成功而不狂喜。

境由心生，命运掌握在自己的手中。以乐观积极的态度看待事物，是不会有损失的。当环境无法改变时，不如改变眼光看它、适应它，然后从中受益。生活中有太多的不可测因素，如果事事计较，情绪难免大喜大悲，起伏不定。

生活中有的人为了职称，同事之间，明争暗斗，尔虞我诈；

有的人为了荣誉，朋友之间，钩心斗角，唇齿相讥；有的为了蝇头微利，兄弟刀枪相向，亲人反目相斗。还有的沽名钓誉、邀功请赏、诽谤诬陷、打击报复，欲置之死地而后快……所以，人要让自己拥有平和、积极的心态，最重要的一点就是要学会忍住，不浮躁地面对生活。

天有不测之风云，人有旦夕之祸福。福与祸的转换就像这风云之变化无常，所以，无论是福至，还是祸降，只要你保持心境的平和，凡事淡然处之，那么福也好祸也罢，又怎能破坏你内心的从容呢？

老子说："祸兮，福之所倚；福兮，祸之所伏。"在灾祸的里面，未必不隐藏着幸福，而在幸福之中，未必不隐含着祸患的根源。世上之事总是福祸参半，而福祸之事也总是相互转化。如果能及早认清这一点，那么烦忧之事就可能不再侵扰身心，这样，我们就更可能从容自若地去面对生活了。

古往今来能成就一番事业者，大多具有从容的品质，最知道从容做人、处事、思考、行动……从容者不知匆促、慌乱、紧张、惊悚何来，亦不知贪婪、吝啬、狭隘、妒忌何为，对于小至蝇头小利、蜗角功名，大到至尊权柄、炙手利禄，"非不能争，不屑于争"。那些在人生道路上历经坎坷却仍然从容对待，不断取得成就的人，让人油然而生敬意。

据史书记载，唐朝的一个督运官在监督运粮船队时，不幸遇大风翻船，粮食受到损失。时任考功员外郎（考评官员功过的官职）的卢承庆在考核他的时候说："监运损失粮食，成绩中下。"督运官听到评价，一句话也没说，只是从容地笑了笑便退了出来。卢承庆对他的气度和修养颇为欣赏，就把他叫回来重新评估道："损失粮食非人力所能阻止，成绩中中。"督运官仍然没说什么惭愧的话，只是笑笑而已。卢承庆深为他的坦荡胸怀感动，最后评价他："宠辱不惊，遇事从容，成绩中上。"

在浩如烟海的历史人物中，一个小小的督运官能引起人们的注意，并在史书中专门为他记上这么一笔，不是因为别的，就是因为人们推崇他"宠辱不惊，遇事从容"的心态和修养。

从容就是像督运官那样怀揣一颗平常心，对名利之类看得很淡，一切顺其自然，处之泰然。从容的对立面是心性急躁，急于求成，小肚鸡肠。心性急躁是一种肤浅，争强斗胜是一种糊涂。浮躁的人无法掌控自己的人生，只能成为生活的奴隶，被生活左右。

一句诗说得好："暮色苍茫看劲松，乱云飞渡仍从容。"乱云飞渡的劲松的从容，令人钦佩和赞美。人生要想不被浮躁俘虏，就要让自己学会从容。只有从容才能造就恬淡的人生，才有坐怀不乱的稳健，才有关键时刻迸发巨大能量的气势。

咸有咸的滋味，淡有淡的好处

吃过苦、受过穷的人大概都有过类似的经历。就是人在极渴时，水是很甜的；人在极饿时，山药蛋就是世上最美味的东西。这并不是错觉，而是因为我们带着感恩的心去享用它们。相反，如果没有感恩之心，就算天天吃大鱼大肉，也会觉得索然无味。

而就算是生命的苦味、咸味，如果我们带着感恩、惜福的心态去看待它们，也会觉得那是人生最好的一种滋味。那些曾经深陷于痛苦中的人一定会对此深有体会，在当时觉得难以承受、抱怨不已，可是经过岁月的沉淀之后，内心反而会生出一缕花香。对陷入情爱的青年男女来说，分离是痛苦的，相聚是甜蜜的，但那分离的痛苦，却常常能够检验出彼此的情意。没有苦，焉知甜？没有痛，焉知乐？没有死，焉知生？

人生不可贪，如果你的人生中有清茶可以喝，那是极好的事，但如果只有白开水，那也是很幸福的。当你正好端起一杯水时，不妨想想，如果这时候你身处沙漠，那么这杯水对你来说，是怎样的琼浆玉液呢？你若以为碗中的咸菜太咸，那么，现在就将这咸菜撤下去，饿上两天，你一定会对这盘咸菜垂涎三尺。

  咸有咸的滋味，淡有淡的好处。只要我们心中能够惜福，无论咸也好、淡也罢，都能够在琐碎的生活中咀嚼出它特别的滋味。

用平和梳理人生

孔子说过:"知者不惑,仁者不忧,勇者不惧。"这句话告诉我们,一个人如果太在乎得失,不会有开阔的心胸,不会有坦然的心境,也不会有真正的勇敢。拿破仑·希尔说:"人与人之间的差异其实很小,但这种很小的差异却造成了巨大的差异。"很小的差异是指心态,巨大差异指的是人生结果。只要保持一种平和的心态,用快乐填充自己平凡的工作,你就会感到生活真好。

竞争激烈的今天,这种平和的心态更加难得。

曾经看过一个故事,是关于杂技的。故事简单,但却发人深省。

舞台上,杂技演员正在表演杂技"抖杠"。男演员轻身一跃,上了竹杠,娇小的女演员也燕子一般飞上竹杠。随着竹杠的抖动越来越大,两名演员跳起的高度也令观众神经紧绷。演员开始在空中一个接一个地翻跟头，像两个跳动的蜻蜓飞旋在竹林间。竹杠抖动得越大，演员翻的跟头就越多。一个、两个、三个……突然，一个倒翻，女演员稳稳骑坐在另外竹杠上的男演员的肩头。竹杠再次抖动，猛地高耸，男女演员一起翻了个跟头，完美地跃下竹杠。全场掌声雷动。

等男演员下来，本以为他该一脸汗水，神情兴奋，但他却静若止水。有人煞是疑惑，就问他："台下掌声这么热烈，你怎么还这么镇定？"

他坦然地说："在台上表演时，我耳中塞着棉花，根本就听不到掌声。"见问者不明所以，他笑着一语道破："如果我时时听到掌声，就会干扰正常发挥。学徒的时候，师傅就说了，只有听不到掌声，才能赢得掌声。"

一个人，不论做什么，都应志存高远。如果想要获得成功，就不要因为听到别人的赞许就欣喜若狂，也不要因为听到别人的批评而心灰意冷、止步不前。一心一意做好自己该做的事，才能赢得最终的胜利。

杂技演员的经历告诉我们一个道理：拥有一个平和的心态，才能专心于自己正在做的事情，虽宠辱而不惊，虽毁誉而不计。

试想一下，如果一名医生在给别人做手术时心态不够平和，就难免顾此失彼，很难想象他会手术成功。同样，如果在团队遭遇危机并准备背水一战时领导者没有一个平和的心态，就难免患得患失，怎么可能做出理智的决策呢？

所以有没有一个平和的心态，往往决定最后的成败。冲动是魔鬼，不要动不动就心浮气躁，更不要轻易动怒，愤怒往往是拿别人的错误来惩罚自己。如果一个人不能保持一个平和的心态，动不动就因为别人的一句话或者一个挑衅的眼神而暴跳如雷、怒不可遏，这样的人只会让自己输得一塌糊涂。

人的一生，很多时候都会遇到各种各样的不顺心，或是烦恼事情，或是不如意。那么，请用一颗平和心来面对吧，平和的心态会让我们心情轻松，不会因为面前的不顺心而影响了心情，影响了做事的冷静和理性。

如果没有平和的心态，心情总是不会好，会影响生活，影响工作。之后更加糟糕的心情会来到，影响身体健康，影响日常的生活。

一个人的幸福离不开一个平和的心态，只有心态平和才能让自己远离人生的陷阱。

诚恳坦然,才是人生

> 心灵禅语，句句充满智慧

/ 不用输掉微笑 /

　　当你觉得处处不如人时，不要自卑，记得你只是平凡人。当别人忽略你时，不要伤心，每个人都有自己的生活。当你看到别人在笑时，不要以为世界上只有你一个人在伤心，其实别人只是比你会掩饰。当你很无助时，必须要振作起来，即使输掉了一切，也不要输掉微笑。

/ 最善良的心境 /

　　人生的选择就是人生的取舍，选择一个就意味着放弃一个。所以会放弃的人就是会选择的人，懂得人生的取舍便懂得了人生的选择。舍弃人生路上的恩恩怨怨、是是非非，让自己以最轻松、最从容、最坦然、最善良的心境，去面对人生路上的选择、努力、奉献。

/ 人生不是百米冲刺 /

　　人生不是百米冲刺，你不需要总是跑在最前面。竞争只是手段，学习、工作、收入都是最好的手段。它的目的是快乐，你得问问自己快不快乐。

/ 隐形的祝福 /

人生的逆境，就像污泥对莲花而言，并不是诅咒，而是祝福。就像茧对蝴蝶而言，并不是阻力，而是助力。每一个困难和障碍，事实上都蕴藏一种隐形的祝福。

/ 让世界看到美好的你 /

你如果想得到这世上最美好的东西，那先得让世界看到最美好的你。不要为守住某种东西忧虑，而应问问自己凭什么该拥有这种东西。

/ 吃亏不是真傻 /

肯吃亏不是真傻，怕小人不算无能。这个世界上没有人喜欢爱占便宜的人，但所有人都喜欢爱吃亏的人。你想着吃亏的时候，就会赢得别人；那个懂得以更大的吃亏方式回报你的人，是你赢得的朋友。

/ 经历的一切都是过眼云烟 /

总会有些日子里，风有点大，雨有点急，天有点黑，人有点累，而脚下的砂石有点多。或许不知道怎么让自己安然走过这一段路，但是，只要还想走下去，经历的一切最终都不过是过眼云烟。

/ 生活不能处处都满意 /

　　每一条走上来的路,都有它不得不那样跋涉的理由。每一条要走下去的路,都有它不得不那样选择的方向。

　　生活总是这样,不能叫人处处都满意。但我们还要热情地活下去。人活一生,值得爱的东西很多,不要因为一个不满意就灰心。

/ 暂停是一种技巧 /

　　察觉到头脑对自己或他人发出批评的声音时,记得喊"停"。暂停是一种技巧,能帮助我们跳出无意识的反应,将自己带回现实。

/ 自己知道就好 /

　　所有的合适都是两个人的相互迁就和改变。和别人交往时,有些话,适合烂在心里;有些痛苦,适合无声无息地忘记。当经历过,你成长了,自己知道就好;很多改变,不需要你说,别人会看得到。

/ 让自己为自己骄傲 /

　　因为没有人可依靠,所以必须奋斗,让10年、20年、50年后的自己,感谢现在负责任、没有逃避去选择安逸的自己!

/ 孤独到深处 /

　　刻意去找的东西,往往是找不到的。天下万物的来和去,都有它的时间。你要尝试走一个人的路,享受一个人的时光。孤独到深处,孤独就成了铠甲。

/ 上天关上一扇门 /

如果事与愿违，就相信上天一定另有安排。所有失去的，都会以另外一种方式归来。相信自己，相信时间不会亏待你，未来也不会亏待你。上天关上一扇门，肯定会为你打开一扇窗。

/ 人生的路要靠自己 /

遇见了形形色色的人之后，你才知道，原来世界上除了父母，不会有人掏心掏肺对你，不会有人无条件完全信任你，也不会有人一直对你好。你早该明白，天会黑、人会变，人生的路那么长、那么远，你只能靠自己，别无他选。

/ 日子要自己过 /

人生的路要自己走，日子要自己过。每个人都是为自己活着，不是为别人而活，别人也无法代替你活。所以，人生的每一个过程，都要自己去经历，每一处风景，都要自己去欣赏。

/ 经历也是财富 /

世上有一样东西，比任何别的东西都更忠诚于你，那就是你的经历。你生命中的日子，你在其中遭遇的人和事，你因这些遭遇产生的悲欢、感受和思考，这一切仅仅属于你，不可能转让给任何人，哪怕是你最亲近的人。这是你最珍贵的财富。

/ 当你足够优秀 /

当你不够强大的时候，你想要一个小小的机会都没有。当你有一定实力的时候,你的面前有一万个机会,挡都挡不住。当你足够优秀的时候,你想要的一切都会主动找你。

/ 成功就是坚持 /

　　成功根本没有秘诀,如果有的话,就只有两个:第一个是坚持到底,永不放弃;第二个就是当你想放弃的时候,请回过头来再照着第一个秘诀去做。

/ 时刻做好准备 /

　　成功的光环从来不戴在那些只知等待的人们的头上,上天给每个人相等的机会,无论你是怎样的出身,不管你是贫是富。但是,成功的机遇不会自动来到我们身边,它总是喜欢那些主动出击、从不等待的人们,因为他们时刻做好了一切准备。

/ 人人都有难言的苦 /

　　当眼泪掉下来的时候,是真的累了,其实人生就是这样:你有你的烦,我有我的难,人人都有无声的泪,人人都有难言的苦!忘不了的昨天,忙不完的今天,想不到的明天,走不完的人生,过不完的坎坷,越不过的无奈,听不完的谎言,看不透的人心,放不下的牵挂,经历不完的酸甜苦辣,这就是人生,这就是生活。

/ 读书的意义 /

　　年轻的时候以为不读书不足以了解人生,直到后来才发现如果不了解人生，是读不懂书的。读书的意义大概就是用生活所感去读书，用读书所得去生活。

/ 处理好眼下的事物 /

但凡事物必有顺序，看得太超前了不行。看得太超前，势必忽视脚下，人往往跌倒。可另一方面，光看脚下也不行，不看好前面，会撞上什么。所以，要在往前看的同时按部就班地处理眼下的事物。这点至为关键，无论做什么。

/ 自己的人生自己主导 /

一辈子不长，开心是过，不开心也是过。与其把短暂的一生浪费在痛苦哀愁上，不如乐观点、看开点。学会感恩，学会知足，学会快乐，你的人生基调要靠自己去主导。

/ 选择自己想要的人生 /

每一段努力的过程都值得被尊重，没有天生完美的人生，只有通过努力过越来越好的生活。当生活中遇到让你烦心的事情，你要学会自己去解忧。去摒弃那些会让自己变得不好的东西，远离那些给自己带来负能量的事物。学会选择，选择自己想要的人生。

/ 未曾深夜哭泣的人，不足以谈人生 /

谁不曾在深夜里声泪俱下？真正的坚强，是属于那些夜晚在被窝里哭泣，而白天若无其事的人。未曾深夜哭泣的人，不足以谈人生。

/ 能扛事的人 /

在心情最糟糕的时候,仍会按时吃饭,早睡早起,自律如昔——这样的人才是能扛事的人。事再乱,打不乱你的心。人不需要有那么多过人之处,能扛事就是才华横溢。

/ 按照自己喜欢的方式生活 /

你可以不喜欢我的性格,不喜欢我的样子,不喜欢我说的话,包括我的一切,你都可以不喜欢,没关系,但麻烦你不要来告诉我。请你远离我,不要来指责我,别用你的思想来嘲笑我的不足,因为我生来不是为你而活的。

/ 保持心中的快乐 /

生活中的诱惑太多,我们不可能对任何事都很好地把握,但要保持心中的快乐,不管是别人拥有的,还是自己拥有的,你都要学会变成自己的快乐。因为生活在这个世界上,只有心是自己能够左右的。

/ 简单的幸福更长久 /

年深月久,人的年岁渐长,懂得平凡的可贵,简单的幸福更长久。家人闲坐,灯火可亲,一屋两人三餐四季,便已是最大的幸福。

/ 当你孤独寂寞时 /

空虚无聊时,我们要学会消遣,更要学会读书,我们在悠闲中

人生有味是清欢

趋于平淡，在博览中走向卓越；孤独寂寞时，我们要学会思念，更要学会思考，思念让我们心灵温暖，思考让我们精神充盈。

/ 别去试探人心 /

人生的路，深一脚、浅一脚，步步都是故事。人间的缘，善一段、恶一段，段段都是注定。世间的事，明白一时、糊涂一时，时时都有因果。别去试探人心，它会让你失望，有些事知道了就好，不必多说。

/ 人生都是自己的选择 /

如果你做出了某种选择，就要准备好承担一切后果。即使再苦再累，也不要心生抱怨，因为这是自己的选择！人生故事里的大多数结局都源于自己的选择，没有什么好抱怨的。你选择了什么样的道路，就会拥有什么样的人生。

/ 没有过不去的当下 /

人生只有回不去的过去，没有过不去的当下。上天只会给你过得去的坎，再不好过的生活，再难过的坎，你咬咬牙，也就过去了。伤过痛过哭过，然后笑笑，跟自己说，不要委屈，不要难过，这就是生活。

/ 随缘是一种修养 /

在这个世界上，凡事不可能一帆风顺、事事如意，总会有烦恼和忧愁。随缘自适，烦恼即去。随缘是种修养，是饱经人世的沧桑，是阅尽人情的经验，是透支人生的顿悟。

/ 活出自我和自信 /

平和淡然地应对一切，活出自我，活出自信，该想的就想，该做的就做，爱你自己，更要爱他人。不论何时何地，要珍惜缘分，不论是你生命的过客，还是长久的知己，都是一生精彩的回忆。

/ 糊涂难得，难得糊涂 /

人生一世，糊涂难得，难得糊涂。活得太清楚，才是最大的不明白。人知足就会快乐，心简单就会幸福。

/ 为自己漂亮地活着 /

你的优秀，不需要任何人来证明。请一定要充满自信，你就是一道风景，没必要在别人的风景里面仰视。你得为自己漂亮地活着！

/ 善良留给懂得感恩的人 /

你的善良要留给那些懂得感恩的人，而不是留给那种理所应当接受你的善良且欲求不满、得寸进尺的人。

/ 眼睛别总盯在不可知的远方 /

年轻的我们，总是想着如何通往成功，如何为自己的梦想拼搏。

因此，总是轻易忽略身边的那些关心与帮助，也总以为有美好的未来在等着我们，我们的眼睛总盯在不可知的远方，而忽略、忘记了就在手中、就在身边的幸福，这就像一个急于赶路的人，无心欣赏身边的美景一样。

/ 人人都有不如意 /

来到这世上，总会有许多的不如意，也会有许多的不公平；会有许多的失落，也会有许多的羡慕。你羡慕我的自由，我羡慕你的约束；你羡慕我的车，我羡慕你的房；真正的美丽，不是青春的容颜，而是绽放的心灵；不是巧言令色，而是真诚待人。

/ 从容的人生来自哪里 /

从容的人生，来自对生命的热爱。从容的人生，来自对名利的淡泊。从容的人生，人必定有自在的心灵和超脱的心境。从容的人生，来自慈悲，来自善良。

/ 归属感只能自己给 /

不要在任何人身上找归属感和安全感，六点的早餐和半夜的夜宵都可以自己吃，玫瑰可以自己买，夜晚一个人睡更踏实。

/ 给生活做减法 /

人到了某一个阶段，生活就会开始给你做减法。拿走你的一些朋友，让你知道谁才是真正的朋友。拿走你的一些梦想，让你认清现实是什么。当你能看着自己忙里忙外,成为自己生活的旁观者时,你才能找到自己的节奏。

/ 坦然面对经历的一切 /

人生出现的一切都犹如梦境,谁都无法永远占有。总有一天,我们都会和曾经拥有的一切永别。经历的无论多么美好,终究只是一份记忆,得到的即使不如意也是上天的赐予。坦然面对经历的一切,平和对待得与失,让内心永远充满憧憬和梦想,学会感受那些微小但真实的满足,那么,我们就可以让每一天都充满快乐!

/ 分寸感 /

分寸感是成熟的爱的标志。它懂得遵守人与人之间必要的距离。这个距离意味着尊重对方的独立人格,包括尊重对方独处的权利。

/ 最幸福的时刻 /

我们一生中最幸福的时刻,并不是想着如何取悦别人的时候,而是自己内心感到巨大的快乐,并且禁不住想要表达这种快乐的时候。

/ 修好自己的心 /

人与人之间的很多矛盾都是从傲慢中来的:都觉得自己比别人更高明,比别人更有见识,比别人更正确,于是相互轻视,矛盾也就逐渐生起了。不要总是怨天尤人,不要总是挑别人的毛病、看别人不顺眼，不要总想去改变别人，先调整好自己的心态，修好自己的心，一切环境都会随心转。

/ 放下无穷的欲望 /

　　人之所以痛苦，是因为追求错误的东西。如果你不给自己烦恼，别人就不会给你烦恼，烦恼皆因自己的内心放不下那些无穷的欲望。

/ 学会放低自己的心态 /

　　学会把自己的心态放低放平，多看自己的缺点，多看别人的优点，让傲慢的心变得谦虚恭敬，这样你所处的环境自然就融洽了。

/ 错过 /

　　别再为错过了什么而懊悔。你错过了人或事，别人才有机会遇见，别人错过了，你才有机会拥有。人人都会错过，人人都曾错过，真正属于你的，永远不会错过。

/ 放弃和坚持都需要勇气 /

　　人之所以会心累，是因为常常徘徊在坚持和放弃之间，举棋不定。生活中总会有一些值得我们记忆的东西，也有一些必须放弃的东西。放弃与坚持，是每个人面对人生问题的一种态度。勇于放弃是一种大气，敢于坚持何尝不是一种勇气。

/ 一念之间的分别 /

　　人生的幸福和痛苦往往都是一念之间的分别。很多事不管你愿意不愿意，都必须经历。无须回避，勇敢应对，坦然理解现实，然后甩掉心灵的包袱，相信祸福也只是一时的悲欢。原谅生活就是为了更好地生活。

/ 放下自己的傲慢心 /

拜佛不是佛需要我们去拜，而是佛让我们放下自己的傲慢心，开发谦恭的美德，只有这样才能拨云见雾，处处吉祥。

/ 不断成长，不断学习 /

学会知足，因为只有这样才会觉得生活是多么完美，知足常乐；学会倾听，因为这是对他人的一种尊重，也是对他人的一种解脱与安慰；学会尊重，因为唯有尊重他人，才能尊重自己，才能赢得别人对你的尊重。

/ 让幸福靠近你 /

真正的幸福，不是周围的环境所给予的，而是靠自己去创造的。即使自己的处境不顺心，也要试着心存感激地接受。顺应了自我的本性，用心体悟身边的点点滴滴，幸福将会轻轻地靠近你。

/ 不苦不乐的平静 /

人生有苦乐两面。太苦了，要提起内心的快乐。太乐了，要明白人生苦的真相。热烘烘的快乐，会让人乐极生悲。冷冰冰的痛苦，会让人苦得无味。人生最好过不苦不乐的平静生活。

／别把日子过给别人看／

　　为了得到别人的赞扬、称羡，选择一份自己并不热爱的热门职业；为了在别人面前赢得面子，勉强自己应承、许诺很多难以做到的事；害怕别人的嘲笑或议论，所以不敢去做自己想做的事，不敢在别人面前表现出真实的自我。一个人如果把日子过给别人看，就会活得很累。

辑四 把生命中最重要的时刻过好

《山居即事》中写道:"寂寞掩柴扉,苍茫对落晖。鹤巢松树遍,人访荜门稀。绿竹含新粉,红莲落故衣。渡头烟火起,处处采菱归。"

一曲琴音,一卷诗韵,一点水墨,就可以化解一切苦楚。看到山水的明净,你便能悟到生活的真谛。在那炊烟升起的时候,伴着牧童的悠悠笛声,粗茶淡饭,是最简单也最难得的幸福。

别用他人的错误来惩罚自己

我们都是普通的人，生活中充满不同的烦恼，有的来自工作的压力，有的来自自身的心态。遇到一个无情无义的朋友，我们会埋怨自己遇人不淑；遇到一个暴躁、狭隘的领导，我们会抱怨这个世界不公平，好人没好报，总是受欺负；遇到一个不讲礼貌、不讲卫生的路人，我们会觉得现在这个社会人的素质真差劲；遇到不公平的事情发生在我们身上，我们会埋怨世态炎凉……有的人当别人对他恭敬，他就高兴，别人怠慢他，他就生气，这都是被别人的态度左右的人。如果认识不到自己身上的这一弱点，那么，一生都要忍受这种煎熬。

做人做事不顾及别人的感受是不行的，但是如果太在意别人的态度，就会失去自我。人活一世，最重要的还是做自己，而不是做别人的应声虫。

喜欢抱怨的人总会不由自主地想到生活中种种不开心的事情，想到生活在自己周围的人的种种不是，想到背叛自己的朋友，想到总是让自己伤心的爱人。别人的错误仿佛刻刀划一般，在他们身上刻下了深深的烙印，让他们终日生活在抱怨、苦恼和咒骂中。要记住，不管别人对你犯下了什么错，你都没有理由让宝贵的生命浪费在对别人的埋怨和痛恨里，与其浪费时间去埋怨别人，倒不如好好经营自己的生活。别人不小心碰了你一下，就算别人没有道一声歉，也没必要太较真，本是他人不对，反而自己装了一肚子气，何苦呢？

有一个人，23岁时被人陷害，在监狱里坐了9年牢后，冤案才得以告破。出狱后，他开始了长达一生的反复控诉、咒骂："我在最年轻有为的时候遭受冤屈，在监狱里度过本应最美好的时光。那简直不是人待的地方，狭窄得连转身都困难，窄小的窗户几乎看不到阳光，冬天寒冷难忍，夏天蚊虫叮咬。真不明白那个陷害我的家伙为什么还没有受到惩罚，即使将他千刀万剐也难解我心头之恨啊！"

73岁那年，在贫困交加中，他终于卧床不起。弥留之际，他依然对往事怀恨在心、耿耿于怀，他对医生说："我没有什么需要忏悔，我要诅咒那些施于我不幸命运的人。"

医生问："你因受冤屈在牢房里待了多少年？"

"9年！"他恶狠狠地将数字告诉医生。

医生长长叹了一口气："可怜的人，你真是世界上最不幸的人，对你的不幸我感到万分同情和悲痛。他人囚禁了你9年，而当你走出监狱后，在本应获取永久自由之时，你却用心底的仇恨、抱怨、诅咒囚禁了自己整整41年。"

只为那9年的不幸时光抱怨一辈子，值得吗？很多人都会说不值得，但事情临到我们头上时，可能你也和这个41年都没能走出心灵监狱的人一样。所以，遇到不顺心的事情，遇到自己被别人"陷害"的时候，遇到因为别人的错误连累到你的时候，你要做的，就是以这个人为戒，走出他人带给你的不幸的牢笼。之后，彻底忘记它，重获心灵和生活的自由。

泰戈尔说过："当你为错过太阳而流泪时，你也将错过群星。"何必为追不回来的东西流泪呢？记住，拿别人的错误来惩罚自己是很愚蠢的，少埋怨别人，多改变自己，把更多的时间放在自我完善上。

当我们无法改变别人，但又真的感觉无法接受的时候，那么，选择远远地逃避和不再关注他们，难道不是最好的解决方法吗？不拿别人的错误来惩罚自己，就是珍惜自己的心情和健康，就是给自己更多的机会和幸福。

把生命中最重要的时刻过好

从前有一个故事,有一个哲学家途经一个荒凉的沙漠时,竟机缘巧合地来到一座废弃的城池,在城池中央,他看到"双面"石雕。哲学家从来没有见过这样怪异的雕像,便奇怪地问道:"你怎么有两副面孔呢?"

双面雕像说:"因为我能看过去,并能预知未来。我的一面就是用来看过去、吸取教训的;另一面就是用来遥望未来,给人们美好的憧憬。"

哲学家正色道:"过去的已经逝去,无法再留住;未来还没有来到,无法为你拥有。你能看过去、知未来,却唯独忽略了现在。你这个能力对别人有什么好处呢?"

双面雕像听了哲学家的话掩面哭了,他说:"你解开了我心中多年的疑惑。你说得一点儿没错,在很久很久以前,我驻守在这座城里，这里的百姓都非常爱戴我，因为我能够知过去、看未来。但是我唯独忘了把握现在，直到敌人攻进城里，我辉煌的一切就都结束了，被人们抛弃在了这片废墟里。"

过去、现在和未来组成了我们的人生。昨天曾经是你的现在，今天曾是昨天的将来，将来也会成为过去。这是一个连续不断的过程。

过去已经过去，无论它是好是坏，对现在来说，已经没有多大的意义。它是美好的也罢，是痛苦的也罢，都不应该对今天的你造成困扰。过去是用来追忆的，现在是用来生活的，未来是用来憧憬的。最重要的，不是昨天，也不是未来，而是现在。然而，现实中的人却往往沉浸于过去、憧憬着未来，唯独忽略了现在。

我们正在做的事、正在接触的人和正在享受的生活就是当下，我们要做的就是把当下的每一件事处理好。可是，偏偏有太多人总是"生活在别处"。有的人沉浸在过去的幸福里，把现在的生活看成地狱，认为未来毫无希望；有的人则将自己封闭起来，一遍又一遍舔着昨天的伤口，还有人则一遍遍在心里计划着明天，或者为未来担忧。

曾有诗曰：

春有百花秋有月，

夏有凉风冬有雪；

若无闲事挂心头，

便是人间好时节。

　　春夏秋冬都有着无可替代的美，我们既不需要伤春，也不需要悲秋。春天来的时候，我们就欣赏百花；夏天的时候，我们就体味凉风带给我们那一刹那的清凉；秋天的时候赏月；冬天的时候赏雪。而有的人，看见春花落下就落泪，看见炎炎烈日就想秋天的凉爽，到了秋天又想念夏天的热烈，苦于冬天的寒冷就希望春天赶快来临。结果，他哪一天也没有过好。

　　有一个人日子苦时，天天吃的是咸菜稀粥，因此他希望将来天天都有大餐可以吃，每当这样想时，就会觉得碗里的咸菜难以下咽。

　　过了几年，他的愿望实现了，可是没过多久，他却厌烦了每天大鱼大肉的应酬生活，又开始怀念起过去安安心心地在家里吃咸菜的日子。

　　后来，他放下生意，又重新过起了每天咸菜淡粥的生活。

　　有时候，美好只存在于我们的想象之中，直到我们千辛万苦终于达成了自己的愿望，才发现这样的生活根本不适合自己。可惜，过去的人、过去的生活，已经不可能重来。而我们因为错过了享受当下，追悔已经来不及了。

我们只有珍惜每一天的生活，用心地爱这个世界、爱这个世界上的一人一物，才能够在平常的日子里找到生活的意义。生活中的每一天才会是美好、幸福的。

生活中并不缺少美，只是我们没有用心去发现而已。从平平淡淡的生活里，发现很多关于生命本身存在的美丽，那么人间无不是好时节！

人生最难的是战胜自己

人的一生，总是在努力适应自然环境、社会环境和家庭环境。因此有人形容人生如战场，勇者胜而懦者败；从生到死的生命过程中，所遭遇的许多人、事、物，都是战斗的对象。

其实自己的内心，往往不受自己的指挥，那才是最顽强的敌人。只有狠下心，努力克服自己内心的障碍，才能说是战胜了自己，而只有战胜了自己的人，才是真正的强者。

一个名叫阿齐姆的人，垂头丧气地走进了一家心理医师的诊疗室，向心理医师倾诉他一生不幸的遭遇。他说："我曾经历过无数的失败，什早年求学的时候，我没有一次的考试可以顺利过关；踏入社会以后，做过许多种生意，但都是以负债的方式收场，从来没有赚过钱；然后，在求职的过程中又四处碰壁，好不容易找了一份工作，也是没能做多久，就被老板开除了；现在，连我的老婆都无法再忍受我，要求跟我解除婚姻……"

心理医师问他:"那么,你现在想怎么样呢?"阿齐姆万念俱灰地回答:"什么也不想,此刻我只想一死了之。"

心理医师:"你有没有小孩?"

阿齐姆:"有呀,那又怎么样呢?"

听了阿齐姆的话,心理医师笑了笑:"还记得你是怎样教你的小孩走路的吗?从他第一次双手离开地面,颤颤巍巍地站起身来,是不是所有的家人都会为他的勇敢而喝彩,为他鼓掌呢?"

阿齐姆似乎若有所悟地回答:"嗯……是的……"心理医师继续说道:"然后,孩子很快就又跌倒了,这个时候,你是不是会轻轻地将他扶起,告诉他'没有关系,再试一试,你会走得比上次更好!'"听到这里,阿齐姆的语气变得坚定了一些,"对,我会帮助他的。"

心理医师说:"孩子在走路的时候,跌跌撞撞的,经过无数次的练习,还是走得不稳。你会不会失去耐性,告诉他,最后再给他三次机会,如果他要是再学不会走路的话,以后终生都不准再走路,你干脆买个电动轮椅给他得了。"

阿齐姆说:"不会的,我会再帮助他、鼓励他,因为我始终相信,孩子是一定能够学会走路的!"心理医师说:"那就对了,你才跌倒几次,为什么就想要坐轮椅了呢?"

阿齐姆抗议道:"可是,作为一个小孩子,会有人协助他,提携他，而我呢？"

心理医师说："在你遇到困难的时候，真正能够帮助你、鼓励你的人是谁，难道此刻你还不知道吗？"

阿齐姆想了想，朝着心理医师重重地点了点头，然后，昂首阔步地走出了这家诊疗室。

看了这个短小的故事，你从中想到了些什么呢？如果把我们日常生活中所经历过的种种痛苦烦恼仔细分析一下的话，你就会发现，这些痛苦的来源有一大部分都是你无法战胜自己造成的，也就是说，你无法把握自己的心态。

当我们需要勇敢的时候，我们首先要做的，是战胜自己内心的软弱。需要洒脱的时候，我们首先要做的，是战胜自己内心的执迷。需要勤奋的时候，我们首先要做的，是战胜自己养成的懒惰。需要宽宏大量的时候，我们首先要做的，是战胜自己的浅狭。需要廉洁的时候，我们首先要做的，是战胜自己的贪欲。需要公正的时候，我们首先要做的，是战胜自己的偏私。

这些相互矛盾的名词——勇敢、软弱；洒脱、执迷；勤奋、懒惰；宽宏大量、浅狭；廉洁、贪欲；公正、偏私……几乎经常同时占据着我们的生活。在这个世界上，没有绝对完美无缺的理想之人，当然，也很少有绝对不可救药的人，在每一个人的内心之中，都会或多或少地存在着上述的矛盾。

这些矛盾，在你遇到一件事情、需要你采取行动去应付的时候，往往就会同时出现。而当它们同时出现的时候，也就是你开始彷徨困惑、痛苦不堪的时候。你会做出什么样的决定，完全取决于这两种矛盾的力量最后哪一边取得胜利。

想要把自己战胜并不是一件很容易的事情，它需要很大的勇气和坚定的信念。想一想看，你自己战胜自己的次数多吗？还是对自己时常姑息纵容了？

让自己陷入泥潭无法自拔，还是让自己充满希望地积极生活，其实一切都在于自己能否战胜自己。

放下包袱，让心灵轻装前行

从前，有个和尚，外出化缘时身上总是带着一个布袋，于是人们就叫他"布袋和尚"。每次，布袋和尚空着布袋出去化缘，都会背着满满一布袋东西回来。后来，布袋和尚嫌一个布袋不够用，就又带了一个布袋出门化缘。

这一天，他背着沉甸甸的两个大布袋往寺里走，可是布袋太重，走到半路就背不动了。于是，他便背靠着一棵大树坐下休息。不一会儿，困劲儿就上来了，他迷迷糊糊地睡着了。睡着睡着，他突然听到有人在耳边说："左边一个布袋，右边一个布袋，放下布袋，何其自在。"听完这句话，布袋和尚就醒了。醒来后，他细细回味着梦里的那句话：是呀，我左边一个布袋，右边一个布袋，没走几步就累得不行了，如果把布袋放下，那不是很轻松吗？于是，他放下了两个布袋，当下顿悟了。

以淡泊之心处世，才能真正做到放下。其实说到底，人生的幸福与苦恼也无非是衣食住行、功名利禄，有过多的欲望折腾着自己，自己总想找到一个出口，然而却不断地迷路。就算偶尔兴奋也只是小人得意的浅薄，欢笑之后的痛苦只有自己品尝。当你舍弃浮华，放下包袱，轻松上路的时候，你会感到从来没有过得开心与自在，这就是简单与质朴的生活，每一个人都应该好好去享受。

就是一张纸，举得时间久了，人都会受不了，更何况是生活中一个又一个不顺心的事？那何止是几千张纸的重量。人如果不学会放下，一张纸的压力也会把你压倒。也许有人会说，你没遇到我的事，要是你遇上了，一样会受不了。但受不了，不等于放不下。既然举不动它，为什么不放下呢？你扛着麻包，说这是没办法的事，因为你要养家，但扛着你的失败和痛苦，又做什么呢？你根本不需要它们。

你说，虽然我不想要它们，可它们还是来了。扛着麻包，你可以放下来休息一会儿再扛上去，可是失败和痛苦你能不能放下来一会儿再扛上去呢？你肯定说不能。虽然不能，但是你可以把它们像丢垃圾一样处理掉。

人生就像是一场旅行，每个人都希望自己的旅程是快乐、轻松的，那唯一的办法，就是放下包袱，丢弃多余的负担。什么是多余的负担呢？有些人为了轻装上路，把责任和道义扔下，这是一种错误的取舍。只有那些与当下无关的痛苦和忧伤、那些我们再也用不到的或多余的财物，才是负担。而人的职责、人性、正义这些，即使有千斤重也不能将它们从肩上卸下。除了这些，人生再没有更重要的东西，即使你此刻一无所有，你的人生也毫无影响。放下也许会有遗憾，会有伤感，但是会让我们生活得更加淡定和安然。

我们背着理想、感情、责任和道义，忙忙碌碌，疲于奔命，不能停步，不敢懈怠，也不敢轻言放弃。于是，身上的包袱越来越多、越来越重，如果我们不适时地放下一些东西，那么，最终会压得自己身心疲惫、劳累不堪。

放下了，也就轻松了。

常言道："举得起放得下的是举重，举得起放不下的叫作负重。"

生活是无奈的，有时它会逼迫你不得不交出你不想失去的东西。比如你深爱的人决意要离开你，你必须离开喜欢的工作岗位。你以为失去了它们，你的人生从此将一无所有、灰暗无光。这是因为你没有放下。放下不等于放弃，放下也并不意味着失去。放下，意味着你的人生将重新开始。放下昨天的感情，意味着我们将获得另一段更为真挚的感情；放下昨天的事业，意味着你将重新开始另一份更适合你的事业。

明明已经不快乐了,为什么还不放下?因为贪心的本性使然,因为害怕放下便一无所有,因为你曾经为之付出太多的努力。但无论哪种原因,如果你意识到已经不适合再背负着这些东西,甚至你的身体已经向你发出警告,再不放下,就晚了!

有人会说:我为什么要放下?感情是我用很多付出争取来的,钱是我用汗水赚来的,这一切的一切,都来之不易!可是,如果它们已经让你感到身心疲惫、喘不过气,你觉得这些来之不易的东西对你来说还有幸福可言吗?如果没有了,为什么不放下?

让自己学会放下,才是幸福的开始。

人生苦短，别为小事而生气

英国著名作家迪斯雷利这样说过："为小事而生气的人，生命是短促的。"

在生活中，很多人常常因为一些微不足道的小事的干扰失去理智，为一些无聊的琐事白白浪费了许多宝贵的时光。试问时过境迁，谁还会对这些琐事感兴趣呢？

何况一个经常为小事而生气的人是不会得到大家的看重的。为小事生气是无能的表现，别人会说，这点小事都解决不了，还能做出什么大事呢？你经常为小事生气，在别人眼中就是没有气量、胸怀的表现。你在别人眼中就是一个斤斤计较的人，谁会喜欢一个小肚鸡肠、斤斤计较的人呢？

一个优秀的人，不会将目光只放到眼前的一草一木上，他们更不会计较眼前的一点点得失。所以他们就不会因为一点小事生气，因为他们有一个宽广的胸怀，能包容，能谅解，不计较。

有一个叫爱地巴的人，每次生气和人起争执的时候，就以很快的速度跑回家去，绕着自己的房子和土地跑三圈，然后坐在田边喘气。爱地巴工作非常勤劳努力，他的房子越来越大，土地也越来越广。只要与人争论而生气的时候，他就会绕着房子和土地跑三圈。爱地巴为什么每次生气都这样做呢？所有认识他的人心里都感到疑惑，但是不管怎么问他，爱地巴都不愿意明说。

直到有一天，爱地巴很老了，他的房子、土地也已经太大了，他生了气，拄着拐杖艰难地绕着土地和房子转，等他好不容易走完三圈，太阳已经下山了，爱地巴独自坐在田边喘气。他的孙子在身边恳求他："阿公，您已经这么大年纪了，这附近地区也没有其他人的土地比您的更广，您不能再像从前一生气就绕着土地跑了。还有，您可不可以告诉我这样做的秘密？"

爱地巴终于说出隐藏在心里多年的秘密，他说："年轻的时候，我一和人吵架、争论、生气，就绕着房子、土地跑三圈，边跑边想自己的房子这么小、土地这么少，哪有时间去和人生气呢？一想到这里，气就消了，把所有的时间都用来努力工作。"孙子问道："阿公，您年老了，又变成最富有的人，为什么还要绕着房子和土地跑呢？"爱地巴笑着说："我现在还是会生气，生气时绕着房子和土地跑三圈，边跑边想自己的房子这么大、土地这么多，又何必和人计较呢？一想到这里，气就消了。"

爱地巴每次为一些琐事想要生气时，就用这种特殊的方式让自己不生气，终于成了附近地区最富有的人。生活中，有比为小事生气重要得多的事，何必为一些小事劳心费神呢？

在我们的日常生活中，因气致病、因气而亡的事例也可以说比比皆是了。从某种意义上来讲，为小事生气，对人可以说是有百害而无一利。

人生短暂，浪费时间就等于慢性自杀。而去为一些琐碎的小事生气，浪费自己的青春就更可惜了。所以说，如果想让自己的人生完美一点，除了要使自己优秀以外，还要心胸开阔、目光长远一些，不要为一点点小事生气。

适当收起自己的敏感

一个人能否有所成就，心理素质是否过关至关重要。

纵观那些成功人士，不难发现，他们的内心都是很强大的。没有一颗强大的内心，如何在风云变幻的人生中成功呢？

一些人之所以无法成功，往往是因为他们的内心太过敏感。敏感虽然不是一种缺点，但如果过于敏感，就难免牢骚满腹，自讨苦吃，觉得所有的人都对不起自己，从而让自己陷入坏情绪的漩涡中无法自拔。

下面的一则寓言故事就说明了这个道理。

主人喂养了一只黑猫，同时设置了捕鼠夹。黑猫一见，心中很不满，叽叽咕咕地发牢骚："既然委我以捕鼠重任，为什么又设置捕鼠夹呢，这是对我的捕鼠能力不信任！"主人解释道："设置捕鼠夹，是为了更好地配合你工作呀！""不！"黑猫说，

"这是对我的讽刺,我不愿在一个屈辱的环境里工作!"

它离开了旧主人,又找了一个新主人。"欢迎你来这里工作!"新主人对它说,"这样,我们的捕鼠力量就壮大了!来,先认识一下你的伙伴。"原来,主人家里已经有了一只黄猫!黑猫非常失望,它认为新主人已经有了一只猫,就不会对它再重视了,就决定出走。

"既然人人都不重用我,我何必非得替他们服务呢?"黑猫决定到野外去当野猫。黑猫到了野外,竟发现猫头鹰和蛇都是捕鼠能手,并且常常胜它一筹。

黑猫悲哀极了:"唉,我的捕鼠才能处处受到限制啊!在家里不被重用,到野外也难以施展抱负,我还有什么脸面活在世上呢?"

其实,黑猫忘记了,自己唯一的价值就是捕鼠本身,而与环境无关。

如果黑猫能不那么敏感,我想它会生活得很好,也能发挥自己的长处,可是,因为自己过于敏感,自己的才能处处受到限制。

我们生活在这个社会中,难免会评论别人,当然有时候也被别人评论。我觉得,对于别人的品头论足,应该一笑置之,而不是耿耿于怀。敏感并不是最好的处世方法,特别是不分场合、地点的敏感会给生活带来很大的负面影响。

　　下面是一些敏感的人在谈到自己的不愉快经历时大发牢骚：

　　——我是个胖子，每当别人说我胖，我就感到自己受到了伤害，心中便升起极度委屈的情绪。比如在商场里，如果售货员用干巴巴的口吻对我说"没有你要的尺码"，我的心情立即就会变得很坏。

　　——我不能接受别人对我的负面评论。虽然我也走上了工作岗位，给自己披上了一个职业女性的外壳，并且显得果敢而练达，但是在别人对我的工作提出某种批评时，我会花几个小时在那里琢磨好几个缘由，缓不过劲来。

　　——我生活在情感过于充沛的海洋里，敏感的神经随时都可能被调动起来，因为周围发生的一切都会在我的心里留下深深的痕迹。电视新闻里一个话题沉重的报道会让我没有食欲。有一天，我目睹了一场车祸，我用了好几个月才缓过来。

　　——朋友说了在我看来很难接受的话，我就会耿耿于怀，心里不舒服。他们的言语越是在我心里挥之不去，我就越感到无法释怀。如果我感到身边的朋友欺骗了我，那情况就更糟了，我会一连好几个星期躲在家里医治心灵的创伤。其实我知道，应该从自我的沉默中走出来，重新与朋友交流，否则很快我就不会再有朋友可以一起逛街或下馆子了。

——在办公室里，我特别爱哭，比如老板的话说得严厉了一些，我就忍不住眼泪涌出来。为了不让我脆弱的神经再受刺激，我提出只做一些整理文件的简单工作。这样一来，看着一个个好机会从我身边溜走，我又开始怀疑起自己当初的决定。

——我们单位的人际关系太复杂了，张三对我有成见，李四说我的坏话，王五看我不顺眼……每天有生不完的气，烦死人了。

这些都是敏感惹的祸，有些人在为人处世上过分敏感，使人际关系出现不应有的复杂化，这在现实生活中的确存在。

心理学研究发现，有些人天生就有一种敏感的个性。比如，别人不高兴，他就以为是对他不满；人们在说悄悄话，他就感觉一定是在说他的坏话；对方的一声咳嗽，他就怀疑是对他的不敬；有人见到他点头微笑，他感到是别有含义；有时本来是互相开玩笑的话，这些人也会当成真事，反复琢磨半天，心情久久不能平静下来。

鸡毛蒜皮的小事会让这些过分敏感的人想入非非，做出错误的判断，他们对恩恩怨怨最斤斤计较，总以想当然去观察世界，并自以为是，结果总有难以排解的心绪，更有甚者发展为心理上的病态。

过分敏感的人，会在生活中处处设防、时时疑心、多愁善感；会活得很累，既要对付那些夸大了的矛盾，又要抚慰自己无中生有的痛苦，可谓劳心伤神。在与人交往的过程中，由于处处设防，人对他敬而远之，朋友就会越来越少，人际交往就会变得不和谐。

专家认为，过于敏感的人往往是内心某方面比较自卑的人，每当别人碰到了自己的短处，难免会大发雷霆。

由于每个人的修养、个性、阅历不尽相同，其为人处世、表达情感的方式也会不同。即便是别人对待自己的方式有欠妥当，我们也当以宽容之心待之，没有必要过于敏感。处处以别人的脸色作为自己行动的"指南针"，让别人的情绪影响自己的情绪甚至支配自己的言行，这都大可不必。

我们在生活中，要适当收起自己的敏感，遇事乐观一些，大度一些。要重大节，不必过分拘泥于小节。这样，才能保持一个积极的好心情。

岁月漫长，不慌不忙

心灵禅语,句句充满智慧

/ 心情好,一切都好 /

控制好自己的心情,生活才会处处祥和。心情虽不是人生的全部,却能左右人生的全部。心情好,一切都好;心情差,一切都乱套。有的人输了,常常不是输给了他人,而是输给了自己的心情。坏心情贬低了自己的形象,降低了自己的能力,搅乱了自己的思维,影响了自己的信心,从而输给了自己。

/ 人生何必慌张 /

你永远猜不到生活会在哪个路口给你一个坎儿,也料不到它会在哪个阶段给你一份爱。余生很长,何必慌张!

/ 去经历,去后悔 /

任何人的劝阻都不会让你大彻大悟,真正让你如梦初醒、看透人情世故的,只有经历、吃亏、后悔和受伤。

/ 活着才有希望 /

不管什么时候都要记得好好活着,身体健康是最重要的,其次是尽可能让自己多自信一点，开心还是要开心的，但实在开心不起来也不必勉强自己，活着才会有希望，好好活着，不然真的什么都没了。

/ 没有理所当然的事情 /

以前觉得，稳定的工作、美好的爱情、幸福的家庭都是理所当然的事情，后来发现，它们一件比一件难。

/ 学会寡言 /

长大的我学会了两件事：少说话和不再去打扰。到了一定年龄，便要学会寡言，每一句话都要有用、有重量。喜怒不形于色，大事淡然，有自己的底线。

/ 抵达天真 /

成熟不是为了走向复杂，而是为了抵达天真。天真的人，不代表没有见过世界的黑暗，恰恰因为见到过，才知道天真的美好。

/ 做一个连自己都羡慕的人 /

懒可以毁掉一个人，勤可以激发一个人！不要等夕阳西下时才对自己说，想当初、如果、要是之类的话！不为别人，只为做 个连自己都羡慕的人。

/ 没有努力，何来运气 /

运气是努力的附属品。没有经过实力的原始积累，给你运气你也抓不住。上天给予每个人的都一样，但每个人的准备不一样。不要羡慕那些总能撞大运的人，你必须很努力，才能遇上好运气。

/ 别在意表面的东西 /

出门在外，无论别人给你热脸还是冷脸，都没关系；外面的世界，尊重的是背景，而非人本身。朋友之间，无论热脸还是冷脸，也都没关系；真正的交情，交的是内心，而非脸色。不必过于在意人与人之间一些表面的情绪。挚交之人不需要，泛交之人用不着。

/ 圈子决定你的高度 /

你身处什么样的圈子，就会遇到什么样的人；你结交了哪些朋友，你的脾气也会慢慢接近这样的人；你处在什么位置、站在什么高度，决定了你有什么样的视野；内心有多大的格局，你就可以看到多大的天空。你没有碰到期望的人，是因为你还没有准备好自己。

/ 陷入自我 /

当我们陷入自我时，知觉便被蒙蔽。你就很难感知到他人的需求和他人的感受，你就像个聋哑人、盲人一样活在自己的世界里，以自以为的样子看待他人，对他人发号施令或指使他人做你认为好的事情，全然不顾及他人的感受。因此，也就没有尊重到他人的存在。

/ 一定要去旅行 /

人一定要旅行，尤其是女孩子。一个女孩子的见识很重要，你见多了自然就会心胸豁达、视野宽广，这会影响到你对很多事情的看法。旅行让人见多识广，它让你更有信心，不会在精神世界里迷失方向。

/ 不必迎合别人 /

以前总怕别人不喜欢自己，于是拼命迎合讨好，要是被误会了恨不得马上能解释、化解，现在人越大心越大，不喜欢就不喜欢，大路朝天各走一边。

/ 懂得让步 /

懂得让步的人是聪明的，这是把决定事态走向的主动权握在了自己手上。感情对抗战中，赢了面子就输了情分。往往死撑到底的人，都成了孤家寡人。弯腰不是认输，只是为了拾起丢掉的幸福。

/ 不要玻璃心 /

做人不要玻璃心，别人不欠你的，你就别指望别人应该对你怎么样。与其期待别人的另眼相看，不如脚踏实地改变自己变得强大。每一个来到你身边的人都是有原因的，即使你很不喜欢，但至少可以提醒你不要成为他那样的人。

／现在就是最好的时光／

　　有人总说已经晚了。实际上，现在就是最好的时光。对于一个真正有追求的人来说，生命的每个时期都是年轻的、及时的。

／命运的考验／

　　再好的人生也不可能只有喜悦没有疼痛，尤其是在年轻时，青涩的我们总会遭遇各种问题，体会酸甜苦辣。有时候我们会觉得这个世界糟透了，恨不得一切就此消失，其实这只不过是命运给予我们的一些考验，没人能够幸免。

／没有白走的弯路／

　　伤痛本就是人生的一部分，哪怕咬着牙，你也要学会坦然接受这一切，并继续前进。当有一天，你迂回后终于到达了想去的地方，会惊讶地发现，原来之前走过的一切都只是通往这里的必经之路，少一步都无法塑造出今天的你。

／舍得的智慧／

　　人生其实就是一个不断告别与舍弃的过程，我们所获得的一切，都必须以失去另一些作为代价。但也只有懂得了放弃，才能腾出双手来，紧握住对自己更加重要的东西。

／不要钻牛角尖／

　　生活就是自己哄自己，把自己劝明白了，也就什么都解决了。

不要钻牛角尖，不要执迷不悟，试着放下，学会淡定。

/ 人和人的区别 /

每一片雪花都有一个赖以凝结的核心，那核心必是一粒灰尘；每一个伟大的胸怀都有一个出发点，那出发点必是凡人的需求。所有的优点和弱点每个人都具有，人与人的区别就在于对优点的利用和对弱点的抑制的程度。

/ 活得漂亮 /

不必仰望别人，每个人都有自己的风景。你没有天生丽质，但可以天生励志；没有长得漂亮，但可以活得漂亮。

/ 一个人的孤独 /

有些风景，是孤独一人去欣赏的；有些道路，是孤独一人去行走的；有些责任，是孤独一人去承担的；有些事情，是孤独一人去完成的；有些勇气，是孤独一人去坚持的。

/ 品尝挫败 /

人生长途漫漫，我们不可能每一步都走得那么完美，摔上几跤，走几段弯路，这并非坏事，至少让我们品尝了挫败、增添了阅历，让我们的人生多姿多彩。

/ 真实的人生 /

有些情，慢慢就会明白；有些理，慢慢就会懂得。这个世界既没有我们想象的那样美好，也没有我们想象的那样糟糕。平凡、简单，间或有伤心，这才是我们真实的人生。

/ 交给时间 /

有些人，走着走着就进了心里，恰似故友；有些人，走着走着就淡出视线，难以交心；有些情，于岁月中慢慢消融，不再刻骨铭心；有些人，于相交后慢慢远离，好像无影无踪；有些事，于时光中慢慢平淡，从此不再让人动心。

/ 人生需要等 /

人越大越明白，人生有时真的需要等，该来的让它来，该走的让它走，不强求也不强留，有时候，一份清淡更能历久弥香。

/ 活得平和认真 /

世间的一切都是变幻风云里的一段插曲、一种领悟，命运里的波涛和风景都是美丽的馈赠，拥有淡然是一种沉淀，活得平和认真才能在心里装下满满的幸福。

/ 保持良好的心态 /

心态是个很奇妙的东西，它能激发你的潜力、它能改变你的命运、它能决定你的人生。有良好的心态、正确的价值观，能自强自律，没什么能够阻挡你成功！

/ 半杯水的哲学 /

　　人生就像半杯水，很难有完满的时候。同样的半杯水，有的人看到的是缺少的那一半，有的人看到的是拥有的那一半。幸福与快乐的秘诀就在于：要看到并享受已有的那一半。

/ 别太执着 /

　　生活总和我们开着玩笑，你期待什么，什么就会离你越远；你执着于谁，就会被谁伤害得最深。做事不必太期待、太执着。学会放下，放下不切实际的期待，放下没有结果的执着。

/ 释怀也是一种能力 /

　　被误解时能微微一笑，这是一种素养；受委屈时能坦然一笑，这是一种大度；吃亏时能开心一笑，这是一种豁达；窘迫时能自嘲一笑，这是一种智慧；无奈时能达观一笑，这是一种境界；被轻蔑时能平静一笑，这是一种自信。

/ 放弃的艺术 /

　　当你紧握双手，里面什么也没有；当你打开双手，世界就在你手中。只有懂得放弃，才能在有限的生命里活得充实。人生就是选择，而放弃正是一门选择的艺术。

/ 顺其自然的态度 /

　　生活是一件艺术品，每个人都有自认为最美的一笔，每个人也

平常心

都有自认为不尽如人意的一笔，关键在于你怎样看待。与其整日被庸人自扰的愁闷困扰，不如以一种顺其自然的态度看淡一切。

/ 清醒和糊涂 /

活得糊涂的人，容易幸福；活得太清醒的人，容易烦恼。清醒的人看得太真切，凡事太过较真，烦恼无处不在；而糊涂的人，不知计较，虽然简单粗糙，却因此觅得人生的大境界。

/ 鸡毛掸子 /

生活如一地鸡毛的时候，慢慢地把它捡起来做成鸡毛掸子，然后鞭策自己总会越来越好。

/ 做人要有平常心 /

很多烦恼源于我们不能体谅别人、过分在乎自己的主张、互不相让，所以才会伤害对方。人应该懂得有进有退，你会发现平常心是那么的重要。

/ 浓也好，淡也好 /

人生，不过一杯茶，满也好，少也好，争个什么！浓也好，淡也好，自有味道。急也好，缓也好，那又如何？暖也好，冷也好，相视一笑。人生，因为在乎，所以痛苦；因为怀疑，所以伤害；因为看轻，所以快乐；因为看淡，所以幸福。

/ 苦是生活的原味 /

　　你不能决定太阳几点升起，但可以决定自己几点起床；你不能控制生命的长度，但可以增加生命的宽度。别嫉妒别人的成功，在你看不见的时候，他们流下了你想象不到的汗水。苦是生活的原味，累是人生的本质。

/ 最大的伤害 /

　　有人刻薄地嘲讽你，你马上尖酸地回敬他。有人毫无理由地看不起你，你马上轻蔑地鄙视他。有人在你面前大肆炫耀，你马上加倍证明你更厉害。有人对你冷漠忽视，你马上对他冷淡疏远。看，你讨厌的那些人，轻易就把你变成自己最讨厌的那种样子。这才是"敌人"对你最大的伤害。

/ 不要刻意迎合别人 /

　　不要妄求让别人喜欢，尽量做到不让别人讨厌就够了。过度揣摩别人的喜好而改变自己，一是浪费了太多的时间，二是丢开了自身的尊严。

/ 创造自己想要的生活 /

　　如果一段关系总是让你感觉很累，那一定有什么地方错了。请你果断舍弃这段关系，去创造自己新的生活。

　　若不抽出时间来创造自己想要的生活，你最终将不得不花费大量的时间来应付自己不想要的生活。

/ 日久见人心 /

　　这世上真的有相见恨晚这回事，但你不会和每个人都相见恨晚。大多的相见恨晚，都是因为彼此还不够熟。日久见人心，朋友都是那些看到你全部也没有走的人。

/ 除了生死，都是小事 /

　　改变不了的事就别太在意，留不住的人就试着学会放弃，受了伤的心就尽力自愈，除了生死，都是小事，别为难自己。

/ 幸福不会缺席 /

　　你要相信，你会被世界温柔相待，幸福只是迟到了，它不会永远缺席。人生就是一个充满遗憾的过程。有些事，挺一挺就过去了；有些人，狠一狠也就忘记了；有些苦，笑一笑就化解了；有些心，伤一伤也就坚强了。

/ 放下越多，得到越多 /

　　我们常常执着于眼前的功利、执着于生活的琐事、执着于无果的爱情，迷失自己，不堪重负。其实，放下越多，得到就越多。会放下的人，才真正懂得生活，才会活得更洒脱。

/ 做出正确的选择 /

　　人生最困难的不是努力，而是做出正确的抉择。别放弃，一步一步走下去，别让机会从眼前溜走。最能让人感到快乐的事，莫过于经过一番努力后，所有东西正慢慢变成你想要的样子！

/ 随缘的心态 /

人生中最大的悲哀是看不清自己，以自我为中心，过于执着，迷失于自我偏见。如果没有随缘的心态，要求事事都随己愿，那么任何环境都不可能满足你。

/ 一切都会过去 /

时间真好，验证了人心，见证了人性，懂得了真的，明白了假的。没有解不开的难题，只有解不开的心绪。没有过不去的经历，只有走不出的自己。

/ 前进的方向 /

把人间一切都要看淡，不要在乎一无所有、不要在乎他人的评价，要专注自己人生的方向。人生最重要的是方向，就犹如一辆汽车，即使加满了油、人拥有很好的车技，如果不知道前进的方向，再多的油、再好的车技，也会走错路。

/ 不经意的瞬间 /

一个人总要走陌生的路、看陌生的风景、听陌生的歌，然后在某个不经意的瞬间，你会发现，原本费尽心机想要忘记的事情真的就那么忘记了。

/ 我们尽力就好了 /

人生无法做到完美，我们尽力就好了，每个人都会有自己的想法。理念不同、做法不同，活法就不同，我们没必要去干涉别人、影响别人，甚至攻击别人。他好，不会嫉妒，不会报复；他不好，不去打击，不去鄙视。

/ 一个人的成熟之处 /

越是一无是处、一无所有的人，越容易被激怒。随便一句话，就会暴跳如雷，如同墙头上的野草，一丝微风就能让它东倒西歪。反而那些很有成就的人，任凭外界流言蜚语或讥讽、嘲笑，他都会坚定地站在大地上，这便是一个人的成熟之处。

/ 我们的要求太多了 /

习惯了一个人对你的好，便认为这是理所应当的。有一天不对你好了，你便产生怨怼。其实，不是别人不好了，而是我们的要求变多了。

/ 学会心平气和 /

与人说话的时候，要学会心平气和。即使有再大的怒气，也不要大喊大叫，因为你的大声，除了扰乱自己的心神，并不能让事情变得更好。歇斯底里的吼叫征服不了别人，却只会让你在疯狂中失去理智。

/ 别诉说自己的不幸 /

没有人会关心你付出过多少努力，撑得累不累，摔得痛不痛，他们只会看你最后站在什么位置，然后羡慕或鄙夷。脆弱的人才会四处游说自己的不幸，坚强的人只会不动声色地愈渐强大。

/ 生命最有分量的部分 /

生命最有趣的部分，正是它没有剧本、没有彩排、不能重来。生命最有分量的部分，正是我们要做自己，承担所有的责任。

/ 人生不能虚度 /

人生就那么几十年，走好自己的路就要有自己的思考，有坚定的意志，坚持自己的信念和追求，不能放松对自己的要求，更不能糊里糊涂地度过自己的人生。人生不能虚度，自己要对得起自己。

/ 人生的低潮期 /

怎样度过人生的低潮期？安静地等待；好好睡觉；锻炼身体，无论何时好的体魄都用得着；和知心的朋友谈天，基本上不发牢骚，主要是回忆快乐的时光；多读书，看一些传记，增长知识，顺带瞧瞧别人倒霉的时候是怎么挺过去的；趁机做家务，把平时忙碌顾不上的活都干完。

辑五 慎独,是最高级的独处

《鹿柴》中写道:空山不见人,但闻人语响。返景入深林,复照青苔上。

落日,深林,青苔,夕阳。只有真正热爱生活的人,才能观察到生活中那些细致而美好的地方。

对于很多人来说,孤独是悲伤的,然而,有智慧的人却认为孤独是惬意而美好的——时间由自己掌控,随心而为,没有约束。

慎独，是最高级的独处

一位哲人曾说："即使你独自一个人时，也不要做坏事，而要学得比在别人面前更知耻。"宋朝陆九渊也说："慎独，即不自欺。"意思是说，慎独就是不自欺欺人。慎独是一种严格的自律精神，能够做到慎独的人，就可以认定他的修养已经达到了相当高的程度。

修养是一个面对真实自我的过程，不是为了做给别人看的，所以不能做表面功夫。我们常用"真君子"和"伪君子"来评价某个人，其区别就是能否做到慎独。在别人面前，一本正经，道貌岸然，暗地里却是个十足的小人。《大学》中是这样说慎独的："小人闲居为不善，无所不至。见君子而后厌然，掩其不善而著其善。人之视己，如见其肺肝然，则何益矣。"在别人面前一副伪善的面目，别人或许不知道你的真实面目，不知道你到底都干了些什么勾当，只有你知道自己是什么人。当然，这并不是说我们在背地里做了见不得人的事，说明我们是个彻头彻尾的伪君子了，只是表达人在没有约束的环境里，比较容易放松对自己的要求。所以，要成为一个真正有修养的人，就要在独处的时候也要严格要求自己。

有的人很想成为一个真正的君子，成为一个有修养的人，只是这需要很大的毅力去抵抗那些诱惑，这确实是一个非常艰难的过程。

比如，一个下决心要减肥的人，看到自己最喜欢吃的红烧肉，就想：我就吃一次，吃一次应该不会对减肥有什么影响。可惜，有一就有二，我们总是安慰自己说，不差这一口肉。所以，成功减肥就会变得越来越难。这并不能说这个人不想减肥，只是他禁不起美食的诱惑而已。如果一个人真的想减肥成功，就要做到无论什么时候都不要吃高糖、高脂肪的食物。

"独处防心"是修炼自己慎独功夫的关键。正是因为心不设防，蠢蠢欲动，才会萌生邪念、杂念，从而做出有违自己原则的事来，所以才要防心。

湖边坐着一对来钓鱼的母子，按照规定，两个小时之后这里才能钓鱼，但是他们来早了。母亲帮孩子把鱼饵放好，让孩子先坐在湖边等。但孩子等不及，就把钓竿放了下去。运气出奇好，鱼线动了，孩子赶紧往上拉，一条大鲤鱼被钓了上来。孩子高兴得手舞足蹈。这时，母亲却走过来说："我们应该把鱼放了，因为现在还不到钓鱼的时间。"

孩子很不乐意，他大声抗议："不，这样的大鲤鱼很难钓到，更何况现在这里又没有人，不会有人知道的。"

母亲说："湖边没有眼睛，但是我们的心里有。"

曾国藩说："慎独而心安。自修之道，莫难于养心，养心之难，又在慎独。能慎独，则内省不疚，可以对天地质鬼神。"背地里做坏事，你不说，别人可能永远都不知道，但你自己会知道，但凡有良知的人，都会因此感到良心难安。所以，人要做到心安，就要学会慎独，只有这样，才能无愧于天地，无愧于自己的心。

东汉时期的太尉杨震，为官清廉，不谋私利，在道德上堪称楷模。有一次，杨震由荆州刺史调任东莱太守。在赴任的路上，经过昌邑，遇到了他在荆州刺史任上曾经举荐过的官员王密，王密时任昌邑县令。王密为了报答杨震的知遇之恩，特地准备了十斤黄金在晚上无人的时候拜访杨震。

杨震见他来送钱，对他说："我和你是故交，关系比较密切，我很了解你的为人，而你却不了解我的为人。"王密说："现在深夜无人知道。"杨震说："天知、地知、我知、你知，怎能说无人知道呢？"王密羞愧地离去。

这就是杨震"暮夜却金"的事，后人因此称杨震为"四知先生"。

慎独应该是一种内在的要求。人们只有把道德变成自己内心的一种要求，才能够真正实践慎独。我们做到慎独不是为了别人而是为了自己，此时我们面对的是自己赤裸裸的灵魂。

是的，无论何时，都要小心谨慎、以此为戒，做一个值得别人和自己尊敬的人。

一切顺其自然，上天自有安排

我们常说随缘，随缘就是顺其自然，顺其自然就是不强求。人生不如意事常十有八九，人生万事，岂能样样都遂愿？人的出身不同、经历不同，成败境遇自然千差万别。许多事都不是人力所能控制的。

与其强求改变，倒不如让一切顺其自然，坦然面对现实。

炎热的夏天，寺院门前的草地枯了一片。小和尚急忙去报告师父："师父，草都枯了，快撒点草籽吧！"

"等天凉了再说。"师父挥挥手说，"随时。"

中秋，师父交给小和尚一包草籽，让他撒到草地上。草籽很轻，风一吹，扬得到处都是。小和尚急忙去追赶，可是草籽落到泥土里，再也分不出哪些是草籽，哪些是土粒。小和尚喊道："师父，不得了，草籽都被风吹走了。"

师父说:"无妨。被风吹起来的是空籽。随性。"

撒完草籽,几只小鸟来啄食。小和尚急忙去赶鸟,可是他一转身,鸟儿又落下来。小和尚喊道:"师父,大事不好了,草籽被鸟吃掉了。"

师父笑笑说:"没关系,这么多草籽呢!小鸟吃不完。随遇。"

半夜卜起了暴雨,好多草籽都被雨水冲走了。小和尚说:"师父,这下可彻底完了。"

师父说:"冲到哪里,就在哪里发芽。随缘。"

过了几天,草籽果然发芽了,草地上长满密密的小草,一些原来没播种的角落也泛出绿意。小和尚高兴得直拍手,师父点头说:"随喜。"

怀一颗平常心,看淡世事纷扰,随缘任运,高低随意,悠然自得,"兀然无事坐,春来草自青",人生便没有什么可以挂怀的了。

顺其自然,是对生活的一种坦然,是人生的一种睿智;顺其自然,是让我们随时随地摆脱金钱、权势、成败等一切羁绊,尽情地享受生命中的每一寸阳光。

哈德在一家办公大楼里遇到一个缺了右臂的男人。空荡荡的袖管吸引了哈德的目光,他很不礼貌地盯着这个男人看。但这个男人对此毫不在意,他人声地同伙伴聊天,笑声爽朗。在走出电梯时，哈德终于忍不住问他："你会因为缺了一只手臂而烦恼吗？"

"哈！"男人把那只残肢抬起来，在哈德的面前晃了晃说："不会的，我根本就没有意识到它，只有在穿针的时候我才会想到这件事！"

人难免遇到不如意的事情，如果不管怎么努力，结果都不会改变，那么不如坦然接受它。与其让它折磨我们的心灵，令我们痛苦不堪，不如抱着顺其自然的心态平静地接受。

南北朝时期的北魏，有一位名叫罗结的大将军，是个罕见的长寿者，享年120岁。在谈到长寿秘诀时，他说："饮食有节，起居有常，作息有时，清心寡欲，少说多做，无忧无虑。"据说他107岁时，可以履行各种职务。这时的罗结仍然身强力壮、耳聪目明、思路敏捷、精爽不衰。他的养生之道便是四个字：顺其自然。

人生在世，穷也好，富也好；得也好，失也好，都不过是人生的一个瞬间、一种状态。比如贫富这种事，根本不会对我们的人生造成过多的影响。你不会因为有钱或没钱就变成另一个自己，也不会因为失去一份工作就变成另一个人，不会因为犯了某个错误就变成另一个人。只要保持本心不变，那么人生的那些得失、苦恼，都不会影响你。淡定的人往往抱着顺其自然的心境，不为外物所扰，相信人生的每一天都是美好的。对已经拥有的，就要好好珍惜,失去的,也不要勉强挽留;想要得到,就去努力得到它,选择了就不要后悔;忙碌的时候就忙碌,累了就休息。凡事不必在意,更不必强求,随缘自在,人生自然快意放达!

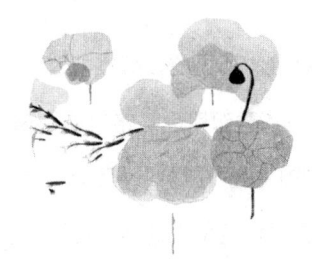

静坐常思己过，闲谈莫论人非

"静坐常思己过，闲谈莫论人非"，这是古人修身的名言，告诫人们要常怀自省之心，检讨自己的过失，闲谈之时，不要谈论他人是非。

尤其是在现代社会，所谓的"静察己过，勿论人非"应成为我们必备的一种品质。宽恕自己是常有的事情，而且借口十足；也有能够宽恕别人的心，但是需要时日。

生活中有的人喜好议论别人的私人生活，发一发自己对社会的牢骚。未见得大家都有什么恶意，但这也绝非善意的表现。不论男女老幼，都喜欢在茶余饭后聊天、八卦，这其中不外乎家长里短。多数时候，我们在议论人非时，并没有主观恶意，大多只是一种心理转移，甚至有时候，我们会觉得，自己心里有话，不说出来实在难受。不过，结果却是很多时候造成了一些不必要的矛盾，这完全是没有必要的。在《王阳明全书》里面有这样一段记载：

有一个名叫杨茂的人，既聋又哑，阳明先生不懂得手语，只好跟他用笔谈。

问："你的耳朵能听到是非吗？"

答："不能，因为我是个聋子。"

问："你的嘴巴能够讲是非吗？"

答："不能，因为我是个哑巴。"

又问："那你的心知道是非吗？"

只见杨茂高兴得不得了，指天画地地回答："能、能、能。"

于是阳明先生就对他说："你的耳朵不能听是非，省了多少闲是非；口不能说是非，又省了多少闲是非；你的心知道是非就够了。"

所谓人言可畏，你的一句是非就可能给他人造成很大的困扰，而你所传的小道消息也未必可靠，有许多人却偏偏喜欢打听和传播小道消息，这样的传播是非者更加让人厌恶。即使你所见所听皆为事实，也最好把它们烂在肚子里。对方可能做得不地道，但传播这种是非的人，则更加用心险恶。

一个人讲话，若总是不离他人隐私，且所说的内容总能让你时时惊讶，这样的人离他远一点，否则，下一个被出卖的就是你。

不要一头扎进是非堆,也不要扎堆讲是非。虽然你也许觉得"讲是非"是最容易让对方敞开嘴巴的办法,但是,是非讲得太多,心就会变得浑浊。人心只有一拳大,别把它想得太大。盛下了是非,就盛不下正事。

首先,最好干脆就不说。一定要说的话,要做到话出有据、事出有因,千万不能捕风捉影,随意推断。其次,不参与风传谣言。做人要学会与人为善,多考虑一下自己的言行是否会给别人带来不必要的麻烦,试着从别人的角度来考虑问题。很多时候,面对谣言要保持沉默,多看些书,少说些闲话,避免祸从口出。

俗话说:宁在人前骂人,不在人后说人。别人有缺点和不足之处,你可以当面指出,令他改正,但千万不可当面不说,而背后说个没完。我们应该时刻谨记不要总是将注意力放在别人身上,而应时刻反省自己,做个堂堂正正的人。

忍耐是一生的修行

什么是忍？通常认为，所谓的"忍"是"忍辱"。我们常说忍辱负重，没有忍辱，就不能负重；没有忍耐，就做不成事。为什么要忍呢？因为忍可以避免我们受到许多无谓的困扰和伤害。在我们还没有强大的时候，就需要学会忍耐，这是一种生存的智慧，小不忍则乱大谋。在我们变得很强大时，也要学会忍，这是一种人生的气度与涵养。

一位学者曾经说过："忍耐和坚持是痛苦的，但它会逐渐给你带来好处。"一个人要获得某方面的成就，必须学会忍耐。从某种程度上说，忍耐是成就事业所必需的。在有些人眼中，忍耐常常被视为软弱可欺。实际上忍耐是一种修养，是经历了暴风雨的洗礼后，自然所生的一种涵养。忍耐能够磨炼人的意志，使人处世沉稳，面临厄运泰然自若，面对毁誉不卑不亢。

有人欺负我们，我们的第一个反应往往是去还击，他打你一拳，你最好能还他两拳。所以，我们经常看见，有人为了一点小事就争得面红耳赤，打得头破血流。在我们的工作和生活中，常常存在着上司"欺负"员工的事情，很多人因为连一点气都不愿意受，结果到哪里都把自己搞得很孤立。其实，和你有一样经历的人大有人在，甚至可以说，所有人都和你是一样的。但为什么只有你认为自己在受气？

这是因为你不能忍。有些事情，忍忍就过去了。

宋代的吕蒙正初次进入朝廷的时候，有一个官员指着他说："这个人也能当参政吗？"吕蒙正假装没听见，淡然一笑。他的同伴为此愤愤不平，要质问那个官员叫什么名字。吕蒙正马上制止他们说："一旦知道了他的名字，就一辈子也忘不了，不如不知道好。"

吕蒙正以自己的大度赢得了人们的爱戴。后来那个官员亲自到他家里去致歉，两人结为好友，相互扶持。

忍耐并非软弱可欺，恰恰相反，忍耐是心灵强大者的一种自然反应。忍耐是一种君子风度，是一个人胸襟博大的表现。能忍耐的人，往往可以在社会竞争中立于不败之地。因为，一个缺少忍耐力的人，很容易就被摧折，而有着强大忍耐力的人，则会在风雨中无惧而行，成为笑到最后的人。

人们往往因为不能忍，一句话、一件小事就可以引起纷争，搞得谁都不愉快。如果能用一颗淡泊的心对待世上的功名利禄，怒气自然就小了，也就不会为了一点小小的得失而大发雷霆。

做人懂分寸，处世知进退

曾经有人说过，人生的智慧不过六个字：懂分寸，知进退。

冒进或是保守，都是不懂分寸，不知进退。人贵有自知之明，审时度势，分寸把握得当，进退有度，才是真正的人生智慧。

俗话说：做菜讲究火候，做人注意分寸。做菜时，如果火候把握不好，很可能将菜炒煳或者炒不熟，而为人处世如果把握不好分寸，就容易得罪人，给自己带来不少麻烦。

古代兵法中也有所谓"一言不慎身败名裂，一语不慎全军覆没"的箴言。佛家也认为，人在起心动念之际，也同时种下了因果，如果动了邪念，也就种下了祸根，不仅为自己留下后患，还会殃及子孙。

从理论上讲是这样，在现实中更是如此。为人处世把握不好分寸，百无禁忌，口无遮拦，轻则会惹人厌烦，重则会引火烧身。

南朝时，齐高帝萧道成曾与当时的书法家王僧虔一起研习书法。一天，齐高帝突然问王僧虔："你和我的字，谁的更好？"王僧虔迟疑了一下，如果说齐高帝的字比自己的好，是违心之言，有溜须之嫌；如果说齐高帝的字不如自己的好，又会使齐高帝的面子挂不住，弄不好还会为自己的将来带来隐患。王僧虔考虑了一下，巧妙地说："我的字臣中最好，您的字君中最好。"齐高帝听后，明白了王僧虔话中之意，哈哈大笑，以后不再提及此事。

王僧虔的巧妙回答，既让他免除了直接回答的尴尬，又让他不违反自己的原则，使大家能够心领神会，没有因一言不慎而伤和气，可谓巧妙至极。

纵观历史，不难发现，那些成功人士能够在人生的道路上顺风顺水，其原因不在于他们的聪明，也不在于他们的勤奋，更不在于他们懂得多少方法与手段，而在于他们对人性的洞察。他们懂得什么叫恰如其分、什么叫不偏不倚、什么叫见好就收，一句话，他们善于把握分寸。

做事懂分寸的人，一般都是深谙中庸之道的人，他们在与人说话时，懂得什么话该说、什么话不该说，懂得说话的轻与重、多与少。处世中，他们懂得如何既能够表现自己，又不让人感到反感，总能够把一个最好的自己呈现在别人面前。在与人交往的时候，他们既能严于律己也能宽以待人，既善于与人相处又不失自我，能够把握与人交往的恰当距离，谁也不得罪，从容地周旋于来来往往之中。

在与人办事的时候，他们因人而异，懂得怎样轻松达到预想的目的，取得办事的实效，给人留下办事能力很强的印象；在处理问题的时候，他们既有原则性又有灵活性，懂得什么事情需要冷处理、什么事情需要热处理，什么时候应该清楚一些、什么时候应该糊涂一些。他们善于把握处理问题的时机，处理问题能够做到手起刀落、药到病除。

他们有着良好的处世心态，能够以高标准处世做人，既厚道又精明，得意时不张狂，失意时不气馁，能够坦然面对人生中的得与失。正因为他们能够把握这些分寸，才能够最终取得成功，或者比别人更接近成功。

总之，任何事都离不开分寸二字。人生在世，分寸无处不在、无处不有。人际关系需要把握分寸，成就事业需要把握分寸，推进工作需要把握分寸。人生的成败兴衰、浓淡缓急，无不在把握分寸中见分晓。总之，只有把握好分寸，才能达到做人做事的最高境界。

做人有分寸，还要知进退。

《左传》中说："见可而进,知难而退,军之善政也。"其实,知进退,何止是"军之善政",在官场、商场、职场、情场……在几乎一切的社会生活中,我们都需要知进退。

刘邦进咸阳约法三章、赴鸿门宴不辞而别,知进又知退,最终得以成就大业。

项羽沽名钓誉放刘邦逃跑、败走乌江有船不渡宁可自刎,不知进也不知退,千古之下,仅供人轻叹一声而已。

韩信因功求封侯、拥兵不谋反,先不知退后不知进,终于被吕后害死。

范蠡功成名就,携美人泛舟五湖,知进知退,乐享天年。

华盛顿任期满,置举国拥戴于不顾而拒绝连任,以谦卑的姿态和恬淡的心态退出了政治舞台,在美国人民心目中保留的是几乎完美的形象。

很多事情的成与败,都在于能否把握进退之间的度。

孔子在《论语》中说:"不得中行而与之,必也狂狷乎!狂者进取,狷者有所不为也。"这里所说的"中行"就是中庸。它是一种不偏不倚、调和折中的态度,它的两端就是"狂"与"狷"。"狂"和"狷"都有好的地方,也都有不好的地方,那就是狂者易过之,狷者易不及。过之则容易冒进,胆大妄为;不及则容易退缩,无所作为。只有审时度势,量力而行,方能做到进退自如,进退自如则可以趋利避害,事业可成。

进退之间,彰显人生智慧。怎样进,怎样退,是一种手段;什么时候该进,什么时候该退,是一种分寸。

做人有分寸、知进退,才能让自己在人生中有所成就。

人生遗憾才完美

心灵禅语，句句充满智慧

/ 原谅的意义 /

当你看清了一个人而不揭穿，你就懂得了原谅的意义；讨厌一个人而不翻脸，你就懂得了至极的尊重。活着，总有你看不惯的人，也有看不惯你的人。

/ 生气不如争气 /

生气不如争气。愚蠢的人只会生气，聪明的人懂得去争取。人生中，处处皆有"气"，事事都有"气"。没有"气"，那不是生活，是幻想中的乌托邦。人生不如意之事十有八九，学着莫生气，就是人生另一种境界。

/ 耐得住寂寞 /

我们选择宽容，不是我们怯懦，是因为我们明白，宽容了他人，就是宽容自己；我们选择糊涂，不是我们真糊涂，是因为我们明白，有些东西争不来，有些不争也会来；我们选择平淡生活，不是我们不奢望繁华，是因为我们明白，功名利禄皆浮云，耐得住寂寞才能升华自己。

/ 忘记应该忘掉的 /

别让自己心太累，应该学着想开、看淡，学着不强求，学着深藏，适时放松自己，寻找宣泄，给疲惫的心灵解解压。人之所以会烦恼，就是因为记性太好。该记的不该记的都会留在记忆里，我们时常记住应该忘掉的事情，而忘掉了应该记住的事情。

/ 先管好自己 /

认为自己没有问题，即是最大的问题。认为自己没有疏漏，即是最大的疏漏。当我们用一根手指指向别人的时候，必定有四根手指对着自己。万事先管好自己，多观察自己，降伏内心，改造自我，比什么都要紧。

/ 过往之事不可追 /

一朝一暮的光阴，如涓涓流水，去而不返。一聚一散的无常，如花开花谢，来去有时。过往之事不可追，未来之事不可猜。

/ 生活的禅法 /

生活的禅法，不在于任何外在的力量和因素，而在于内心的顺其自然，在于内心的沉稳厚重。佛法里有句话，叫作身心寂灭，正眼看这世间，到处宽阔，春风秋月雨打花落，一切都是生命的灵动活泼，空灵洒脱。

/ 对自己狠一点 /

对自己狠一点，逼自己努力，再过五年你将会感谢今天发狠的自己、恨透今天懒惰自卑的自己。我始终相信一句话：只有自己足够强大，才不会被别人践踏。

/ 笑着原谅 /

生命中，有太多的事情身不由己，有太多的无奈心不得已。看不透的伪装，正如猜不透的人心。弄不明的感情，正如读不懂的心灵。与其多心，不如少根筋；与其红了眼眶，不如笑着原谅。

/ 时间会解决一切 /

所有你曾经哭过的事，多少年之后，你一定会笑着说出来，然后骂自己一句：当初真的好傻。其实人生没有那么多的烦恼，时间会解决一切，好好善待自己。

/ 真正放下 /

真正放下一个人，不是删除他的聊天记录，也不是把他拉入黑名单，而是任由他躺在通讯录里，再也懒得去点开。他像你掉进床底的笔、扔在地铁站的水，决定不要了，就再不会想起。他留下的那些痕迹就像沙发缝的灰、油烟机上的渍，你不会为它特意来次大扫除，只是心情好时，顺手一擦。

/ 管你风雨，我有自己 /

遇见挫折时，与其叽叽喳喳说个不停，不如做点喜欢的事分散一下注意力，出门逛个街，看场好电影，或者干脆倒头睡一觉，怎么都好。当你遇见问题不再慌张地四处求救，而是气定神闲地继续自己的生活时，你才是真的长大了。管你风雨，我有自己。

/ 学会独立行走 /

不要轻易去依赖一个人，他会成为你的习惯，当分别来临，你失去的不是某个人，而是你精神的支柱。无论何时何地，都要学会独立行走，它会让你走得更坦然些。

/ 做好自己的本分 /

当别人认定了你是错的，就算你冷静地解释了也会越描越黑，还会被认为是在狡辩。当别人对你万般误会，你只能暂且默默忍受。只要做好自己的本分，用实力证明自己，时间会为你说话。

/ 学会接受现实 /

没有人会对你的快乐负责，不久你便会知道，快乐得自己寻找。把精神寄托在别的地方，过一阵你会习惯新生活。你想想，世界不可能一成不变，太阳不可能绕着你运行，你迟早会长大。生活中充满失望。不用诉苦发牢骚，如果这是你生活的一部分，你必须若无其事地接受现实。

/ 一切都是生命的礼物 /

有的人来到你身边，告诉你什么是真情；有的人告诉你什么是假意；有的人来到你身边是为了给你温暖，有的人是为了使你心寒。

这一切都是生命的礼物，无论你喜欢与否都要接受，然后学着明白它们的意义。

/ 人生多少事与愿违 /

曾经笃定是正确的东西，其实未必是对的；以为特别重要的事情，也没有想象中那样重要；真心对一个人，可能他们并不在意你的好。人生多是事与愿违，不要随便对谁都掏心掏肺，也不用太固执，没有什么是不会改变的。

/ 简单的真心 /

愿有人怜惜你最糟的样子；愿你的爱不是将就的；愿爱你的是被你吸引的，而不是算计你好久的。愿你的爱情都是出于简单的真心。

/ 没有多少人关注你 /

确实只有小部分人关心你飞得累不累，其实大多数人也根本对你飞得高不高没兴趣，他们更关心的是你摔得惨不惨，然后假装关心点个赞。

/ 这就是孤独 /

当有一天，你发现你的情绪不能用语言说出来，而宁愿让自己渐渐消失在深夜亮着华丽街灯的街道上，这就是孤独。

/ 遇强则弱，遇弱则强 /

当男人指责自己的女人强势的时候，要先看看自己是否足够强大。女人这种动物，在爱情面前永远是遇强则弱，遇弱则强。一个女人之所以强势是因为没有得到应有的保护与关爱，一个获得充分的爱与安全感的女人，她不需要以备战的姿态与这个世界对峙，她会变得感性而柔软。

/ 好久不见 /

每个人的电话本里，都会有那么一个号码，你永远不会打，也永远不会删；每个人的心里，都会有那么一个人，你永远不会提，也永远不会忘；有些人说不出哪里好，但就是谁都替代不了；也许时光将教会我成长，教会我坚强，教会我爱，总有一天，我可以笑着对你说"好久不见"，心中却不再起一点波澜。

/ 度过的唯一方式 /

人生中许多当下无解的难题，度过的唯一方式就是苦苦的煎熬，熬到一部分的自己死去，熬到一部分的自己醒来，熬到脱胎换骨，恍若隔世。

/ 自己永远是自己的主角 /

生活总是这样，不能叫人处处都满意，但我们还要热情地活下去。当你觉得孤独无助时，想一想还有几十万亿的细胞只为了你一个人而活。自己永远是自己的主角，不要总在别人的戏剧里充当着配角。

/ 逼出最大的潜能 /

　　终有一天会明白,学习的重要性高过所有。你要无欲则刚,你要学会孤独,你要把自己逼出最大的潜能,没有人会为了你的未来买单;你要么努力向上爬,要么就碌碌无为。

/ 找回迷路的自己 /

　　生活赋予我们坎坷和错误的意义,也并不只是为了让我们体会什么叫作疼痛,而是让我们在疼痛中看清自己,重新找回那个迷路的自己。

/ 生活不只有那一点天地 /

　　迈出脚步去你之前不敢涉足的地方,伸出臂膀去拥抱过去不敢碰触的领地,你会发现,原来生活不只有那一点天地,你可以让自己过得更好,也可以让身边的人觉得和你在一起充满着希望。

/ 别相信生活在别处 /

　　世上的人总是愿意相信一句话:生活在别处。当你很轻易地放弃一份工作,很轻易地放手一段爱情,很轻易地舍弃一个朋友,都是因为这种相信。可惜总是要过很久之后才能明白,这世上并不存在传说中的"别处"。你所拥有的,不过是你手上的这些。而你兜兜转转最终得到的,也不过是你在第一个站错过的。

/ 苦难并不可怕 /

　　痛苦,是人生必须经历的一课。在漫长的人生旅途中,苦难并

我心柔软,却有力量

不可怕，受挫折也无须忧伤。只要心中的信念没有枯萎，你的人生旅途就不会中断。在这段异常艰难的时光中，挺过来的人，人生就会豁然开朗；挺不过来的，时间也会教会你怎么与它们握手言和，所以你不必害怕。

/ 讨厌自己的现在 /

你现在的结果，都是你以前的种种行为造成的。如果你讨厌自己的现在，你更应该反思一下自己。因为每一个你不满意的现在，都有一个不努力的曾经。

/ 一出生就结束调整 /

我们一定要坦然地面对困难，人从一出生就开始接受挑战，一辈子都在适应各种环境，人类就是在适应了生存的环境以后，生命才得以延续下来，一定要以精进勇猛的心克服种种困难。

/ 学会帮助别人 /

当您烦恼时，学会帮助他人。当您痛苦时，学会帮助他人。当您无奈时，学会帮助他人。当您觉知人命无常、危在旦夕时，学会帮助他人。在您帮助他人的同时，您的心得以净化、升华。

/ 最可怕的事情 /

生活的烦恼，多来自繁杂。人生最可怕的事情不是不够努力，而是总在方向不对的道路上努力。人生最大的悲哀不是做了自己讨厌的事，而是即使做了令自己讨厌的事，却依然没有过上想要的生活。

/ 感受的风景不同 /

每个人走过的路，犹如黑夜里海面上的船，远远近近，迷迷茫茫，虽朝着的方向不同，但各自都有着不同的目标。虽说每个人一生都是殊途同归，生来死去，但活着的过程中每个人所感受的风景大相径庭、千奇百态。

/ 哪种人生都有苦 /

谁的人生都有伤，哪种生活没有苦。有些总是难免的，有些总是难躲的，人生并不怕伤过痛过，也不怕苦过哭过，关键是面对疼痛，你想不想、能不能站起来。

/ 你若坚持，定会发光 /

你若坚持，定会发光，时间是所向披靡的武器，它能集腋成裘，也能聚沙成塔，将人生的不可能都变成可能。

/ 走过孤独才见美好 /

每个人都有孤独的时候。很多人并不是你印象中的纸醉金迷、玩世不恭。他们不为人知的孤独你没看到罢了。不要因为一时的空虚打乱了你的坚持你的思想。我们都一样。要学会承受人生必然的孤独。走过孤独，才能看见美好。

/ 把机会变成绚烂 /

　　机会对于任何人都是公平的，它在我们身边的时候，不是打扮得花枝招展，而是普普通通的，根本就不起眼。看起来耀眼的机会不是机会，是陷阱；真正的机会最初都是朴素的，只有经过主动与勤奋，它才变得格外绚烂。

/ 你的善良要有点锋芒 /

　　你有不伤别人的教养，却缺少一种不被人伤害的气场，若没有人护你周全，就请以后善良中带点锋芒，为自己保驾护航。你要知道，在这个世界，你若好到毫无保留，对方就坏到肆无忌惮。

/ 成为更好的自己 /

　　想成为更好的自己，就去见识更大的世界，认识更多奇妙的人，汲取更广泛的知识。你不需要别人过多的称赞，因为你知道自己有多好。内心的强大，永远胜过外表的浮华。

/ 回望自己的幸福 /

　　每个人总在仰望和羡慕别人的幸福，一回头，却发现自己正被别人仰望和羡慕着。其实，每个人都是幸福的。只是你的幸福常常在别人眼里。

/ 让勇气引领你到想要去的地方 /

　　其实奋斗就是每天踏踏实实地过好日子，做好手头的每件小事，不拖拉、不抱怨、不推卸、不偷懒。每一天一点一滴地努力，才能汇集起千万勇气，带着你的坚持，引领你到想要到的地方。

/ 让自己做到最好 /

万事皆有因果，不要再抱怨运气了，命运不欠你什么，反而是你欠了对生活的认真对待和经营。如果你想要遇到更好的人，你至少要成为一个不错的人；如果你想谋得更好的工作，你至少要有不错的工作能力和经验。不要再嫉妒别人运气好，不要再把目光放在别人身上，与其愤愤不平地比较，不如先让自己做到最好。

/ 做一个内心强大的人 /

漫长的一生，谁不曾经历过让自己难过的事情？难过、伤心都是人生无法绕过的坎坷，经历过，纠结过，人才慢慢成熟起来。最怕的是一直停留在过去，陷在让你难过的境遇中不可自拔。之所以这样，大部分原因是你意志薄弱、内心不够强大。

/ 怀揣梦想的人生 /

只有无所期待、无所事事的人才会体会人生之苦，因为他的格局就那么大，能体验到的感觉就那么少，他的人生由"苦"和"不苦"定义，而怀揣梦想的人生却由"不苦"和"乐"定义。

/ 一切都是有意义的 /

人生的过程必然坎坷，可是经历本身必然让你变得更好。哪怕结果不如预想的，也有其发生的必然原因。可以肯定的是，它一定会比你本来想的更好、更恰当，也许当时的你还不懂得，但当你到达终点时终究会明白一切都是有意义的。

/ 心中有梦，抵达黎明 /

寂寞是一段无人相伴的旅程，是一片没有星光的夜空，是一段没有歌声的时光。它使空虚的人孤苦，使浅薄的人浮躁，使睿智的人深沉。一个心中有梦的人，要耐得住没有星空的夜晚，只有穿过漫长黑夜，才能抵达黎明。

/ 成长的时机 /

不管现实生活怎样，我们每一个人都不应怨天尤人，不要总觉得这个世界亏欠你的，不要总觉得别人有负于你。生活中，会有顺境，也会有逆境，当你觉得自己过得苦不堪言时，更应该学会调整自己，让自己变得更优秀。因为受苦的日子，正是你成长的时机。

/ 走好人生棋局 /

纵使你占尽先机，也不能保证你人生的棋局会步步顺畅，也未必能保证你在生活的博弈中稳操胜券。好的人生棋局，要靠自己步步为营，努力去争取。

/ 懂得放下，重新出发 /

并不是所有的努力都会开出梦想之花，实现了的才叫梦想，没实现的叫现实。是时候放下，梦想实现不了不可耻，只是命运在告诉我们，摆在我们面前的路有很多，也许该换一条路走走了。失败了，就回到起点，仅此而已。

/ 努力让自己活得有底气 /

　　买得起自己喜欢的东西，去得了自己想去的地方，不会因为身边人的来或走损失生活的质量，反而会因为花自己的钱更有底气一些，这就是应该努力的原因。

/ 一切都会变好 /

　　当你很累很累的时候，你应该闭上眼睛做深呼吸，告诉自己应该坚持得住。不要这么轻易地否定自己，谁说你没有好的未来，关于明天的事后天才知道，在一切变好之前，我们总要经历一些不开心的日子，不要因为一点瑕疵而放弃一段坚持。

/ 让自己发出微光 /

　　把圈子变小，把语速放缓，把心放宽，把生活打理简单，把故事往心底深藏，把手边事再做得好一点，现在想要的以后都会有，等你可以发出微光的时候，就再也不会害怕寒冷了。

/ 做一杯清澈的白开水 /

　　无论经历过什么，都要努力让自己像杯白开水一样，要沉淀，要清澈。白开水并不是索然无味的，它是你想要变化的所有味道的根本。绚烂也好，低迷也罢，总是要回归平淡，做一杯清澈的白开水，温柔得刚刚好。

/ 恭维与批评 /

别人恭维你时，偷偷高兴一下就可以了，但不可当真，因为那十有八九是哄你的；别人批评你时，稍稍不开心一下就可以了，但不可生气，因为那十有八九是真的。

/ 记住别人的好 /

记住别人的好，忘记别人的坏，你就是一个最幸福的人。记住一个人的坏，那是拿别人的过错来惩罚自己，只能让自己整天生活在不快乐之中。记住他人的好，让感恩时时装在心里，你就能成为这个世界上最幸福的人。

/ 一切终将过去 /

再大的心，也装不下世间小事；再小的心，也可以装世间大事。困扰生活和事业的事情很多，智慧的人善于释怀，把存在的事情始终看作一个过程，一切终将过去。

/ 知人者智，自知者明 /

在井底之蛙的眼里，只有它自己是谦虚的；在井底之蛙的眼里，只有它看到的世界；在井底之蛙的眼里，只有它自己是智慧的；在井底之蛙的眼里，只有它自己具备能量；在井底之蛙的眼里，只有它懂得修行和学习；在井底之蛙的眼里，它比谁都优秀。

/ 爱总是比恨多一点 /

在每个人的生命中，相信一定是爱比恨多一点，再深的伤口总会愈合，无论会留下多丑陋的疤；再疼的伤痛终会过去，无论曾经多痛彻心扉。

辑六 人生不过是一场路过

《登乐游原》中写道：向晚意不适，驱车登古原。夕阳无限好，只是近黄昏。

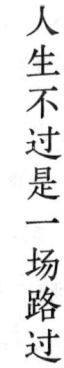

人有悲欢离合，亦有喜怒哀乐。每个人都有心情不好的时候，只是选择散心的方式不一样罢了。

夕阳下的景色无限美好，只可惜已接近黄昏。然而，也正因为接近黄昏之时，夕阳才显得无限美好。世界一直在变化，我们也在变。在变与不变中，重要的是把握好我们的心态。

人生不过是一场路过

你一定听过有一些明星说:"我真想过平常人的日子!"难道这很难吗?好像那些名利都是别人一定要放在他们的身上一样。直到有一天,人过气了,再也红不起来了,他们真的归于平淡了,又不甘心,想尽办法让自己再红起来。

在放下与舍得之间,我们经常是放不下、舍不得。我们对金钱富贵放不下,所以出现盗窃、受贿;我们对爱情婚姻放不下,所以产生了爱恨情仇。

有一个人拎着一个油瓶在路上走,一不小心,油瓶掉到地上摔碎了,油洒了一地。这个人只是看了一眼,就接着赶路了。

路人见状,以为他不知道,便好心地在后面提醒他:"喂,你的油洒了。"他应了一声,仍然头也不回地继续走路。

路人赶上去说:"喂,你的油洒了!"

他说:"我看见啦,可是油已经洒了,我无法再把它捡起来,我停下来又有什么意义呢?"

莎士比亚说过:"聪明的人永远不会坐在那里为自己的损失而哀叹,而是想办法来弥补损失。"

遇到放不下的事,不妨问问自己:成天把这些事放在心上,压得心又沉又痛,对人生有帮助、有改变吗?再问问自己,是不是还有比你更惨的人?如果这些人都能够挺过去、能够放下,你还有什么放不下的呢?生命的意义,不在于拿起,而在于放下。幸福就在一拿一放之间。会"放下"的人,才是真正懂得生活的人。

追求不圆满的人生

生命就像是一首高低起伏的乐章,高低错落才会显得生动而鲜活,所谓"如不如意,只在一念间"。人生的真相便是"不如意之事十有八九"。人生的不圆满是需要我们面对和承认的事实,但另一方面,我们也可以换一个角度来对此进行分析。其实人生的缺陷和不圆满也是一种美,太过一帆风顺、太过于完美,反而会令我们感到人生无限乏味、心生厌倦而不珍惜了。

何止人生,世界上根本就没有绝对完美的事物,完美的本身就意味着缺憾。其实,完美总包含某种不安及少许使我们振奋的缺憾。最辉煌的人生,也有阴影陪衬。我们的人生剧本不可能完美,但是可以完整。当你感到了缺憾,你就体验到了人生五味,便拥有了完整人生——从缺憾中领略完整的人生。

在这个世界上,每个人都有自己的缺憾。只有存在缺憾的人生，才是真正的人生。

法国诗人博纳富瓦说得好："生活中无完美，也不需要完美。"我们只有在鲜花凋谢的缺憾里，才会更加珍视花朵盛开时的温馨美丽；也只有在泥泞的人生路上，才能留下我们生命坎坷的足迹。

本来这个世界就是有缺憾的，在这个缺憾的世间，便有了缺憾的人生。因此苏东坡有词云："人有悲欢离合，月有阴晴圆缺，此事古难全。"

人生本来就是不圆满的，能够认识到这一点，我们便不会去苛求我们的人生，也不会去苛求他人。只有一个懂得接受的人才会更懂得去珍惜。

人的弱点总是与优点相伴而生，雷厉风行的男人可能粗率，文静的女孩可能不善于交际，体贴的男人可能太过细腻，有主见的女人则多固执。正如苏东坡希望"鲈鱼无骨海棠香"的那种完美，而在现实中恰恰是：鲈鱼鲜美却多骨，海棠娇媚但无香。

"月盈则亏，水满则溢"，完美状态也是可怕的。这世界上的事物不仅相辅相成，也相反相成。人的运气若是太好，另一种概率就会在负极聚集，所谓物极必反、乐极生悲，故智者"求缺"。

人生缺憾的必然性要求我们学会放弃。为了那些不能放弃的生命中重要的事情，我们必须放弃那些生命中可以放弃的东西。是的，完美的人生不是拥有一切，而是在人生的不完美与不圆满中学会珍惜所拥有的，并且去接受人生的不完美或者不圆满。所以，如果愿意，转个念头，我们也可以赞叹星空灿烂的当下，换来如意人生。

如果你不能接受生命的不完美，你也就没有资格获得完美的人生。因为完美本身就包含缺陷、错误、否定、失败等不完美的字眼。接受生命的不完美，为生命能继续运转心存感激。

好说话，说好话

我们常说，一个人是刀子嘴、豆腐心，这个人嘴巴不饶人，但心地是很好的；快人快语，有什么说什么。自然，聪明的人，如果听到有人批评自己，不应该就此心生怨恨，不可因为别人说话不好听，就认为他的人品有什么问题，或者对自己不好。但对于说话的那一方，为什么就不能改改自己的性子呢？多替对方着想，批评的话也可以好好说。的确，很多时候，我们并不想去伤害我们身边的人，但是我们往往因为管不住自己的嘴而对人恶语相向。

人要常说给人欢喜、鼓励、肯定和赞美的话。多说好话，少说坏话，也是一种修行。有时候，我们遇到某个人或某件事，经常要忍不住发表自己的观点，也许从本意上，我们希望能够让对方有所受益。比如，你的闺蜜因为失恋向你诉苦，你如果冷言冷语地批评她当初看人不准、陷得太深，这样只会令她更加痛苦。所以，这时候你要明白，无论她以前犯了多大的错误，都不需要你指出来，因为你不说，她自己也会明白，而你的指责，有可能让她受到更大的伤害。你这时候需要鼓励她、祝福她，相信她一定能走出阴影，重新获得幸福。或许你不经意的一句批评就会令对方感到心灰意冷，做出傻事，而一句关怀的话，却能让沮丧的人有生存下去的勇气。因此人要经常检点自己的口舌。

说话不注意，只因一时口快就恶语伤人，不仅伤人面子，还会破坏朋友之间的感情。

有一天晚上，卡耐基参加一场宴会。宴席上，坐在卡耐基右边的一位先生讲了一个故事，并引用了一句话，意思是"谋事在人，成事在天"，他说这句话出自《圣经》。卡耐基知道这位先生说错了。他马上直截了当地纠正这位先生的话，对方立刻反唇相讥："什么？出自莎士比亚？不可能，绝对不可能！这句话绝对出自《圣经》。"他自信确实如此！这时，坐在卡耐基左边的朋友格蒙是莎士比亚的研究者，于是，卡耐基和那位先生便同时向他请教。格蒙在桌下踢了卡耐基一下，然后说："戴尔，这位先生没说错，《圣经》有这句话。"

那晚回家的路上，卡耐基对格蒙说："弗兰克，你明明知道那句话出自莎士比亚。"

"是的,"格蒙回答,"这句话出自《哈姆雷特》第五幕第二场。可是亲爱的戴尔,他不过是宴会上的客人,为什么要证明他错了?不给他留面子会使他喜欢你吗?"

卡耐基明白了自己的失误,从此尽量让自己再也不犯这样的错误。

逞一时口舌之快只会给自己树敌,人际交往的原则应该是永远避免跟别人发生正面冲突。只有谦卑待人,才能得到友谊。但是,很多人逞口舌之快,都已经形成了一种习惯,只要是看到或者想到的事情,都会情不自禁地脱口而出。因此,当我们在与人闲谈时,说话一定要经过大脑的过滤,好好地琢磨一番再开口。不该说的话最好一句都不要多说。若只为满足自己的一时口快而言行不慎,让别人下不了台,也会把自己的事情搞糟。这是不礼貌的,也是不明智的。管好自己的嘴,做一个言出友善、话语暖人的人。

好美言、恶恶语是人的本性。嘴巴甜的人未必是一个好人,但一个好人一定是口出善言的人。证严法师说:"心地再好,嘴巴不好,也不能算是好人。"说好话也如同我们做好事一样,绝非曲意奉承、拍马屁,而是出于一种美好的心愿,愿意使对方感到快乐,得到鼓励。口出恶言,不需要特殊的训练就可以做到,但口出良语,却需要长期修炼。当我们忍不住想"实话实说"时,不妨马上在心里叫停。开始你可能不习惯,总是忍不住,但只要你有恒心,并且能够意识到自己这种行为不但对己不利,于别人也毫无帮助,慢慢就会习惯成自然。之后,你可以试着多说好话,试着从另一个角度去开解他人,多看看别人的反应。你会发现,说好话一点也不难。当然,好话要说得发自肺腑,而不是口是心非。说好话不光是一种技术活,更是一种做人的心态。说好话也是心地善良的表现,只要你设身处地地为别人着想,知道即使是出于善意的批评也会给别人造成伤害,就自然知道如何"好言相劝"了。

你的幸福与别人无关

一个人很苦恼地向一位智者请教："几十年来，我一直在追求真正的幸福，我非常努力，可为什么我得到的永远都是痛苦呢？"

"你是怎样追求幸福的呢？"智者问。

"年轻时，我住在一个小镇上，我努力让自己成为小镇上最幸福的人；后来，我搬到了一个小城，我努力让自己成为小城里最幸福的人；再后来，我移居到大都市，我又努力让自己成为这个都市里最幸福的人。我一直在追求着幸福，可是幸福就像天边的云彩，总是离我那么远。"中年人愁眉苦脸地说。

"你并没有在追求幸福，又怎么会幸福呢？"

"我一直在追求世上最好的幸福，你怎么能这么说呢？"

"你追求的只是'比别人幸福'，而不是在追求属自己的幸福!"智者说。

在这个世界上,永远有别人比我们更幸福,当我们总是追求"最幸福"时,便永远无法得到幸福,所以我们便会在烦恼、嫉妒、焦虑和不安的折磨中,产生一种深深的痛苦。事实上,幸福不是同别人比出来的,而是自己感觉出来的。

有人说过:"玫瑰就是玫瑰,莲花就是莲花,只要去看,不要比较。"的确,别人的优秀和出色,固然可以为我们借鉴,但自己就是自己,一定要保持自己的本色。

作家劳伦斯·彼得曾经这样评价一些著名歌手:"为什么许多名噪一时的歌手最后以悲剧结束一生?究其原因,就是在舞台上他们永远需要听众的掌声来肯定自己。但是由于他们从来不曾听到过自己的掌声,所以一旦下台,进入自己的卧室,便会觉得特别凄凉,感觉听众把自己抛弃了。"

我们常常在意自己在别人的眼里究竟是什么样的形象,为了给他人留下一个比较好的印象,我们总是揣测别人对自己的看法,尽量让自己符合别人喜欢的那个形象。其实,一个人是否成功,并不在于自己比他人优秀多少,而在于他在精神上能否得到幸福和满足。

所以,淡定的人永远不会在乎别人怎样评价自己,是得是失、是痴是愚、是成是败，这些都不能成为干扰我们幸福的因素。赢又如何，输又如何，我只做自己，过自己的日子。我的幸福与任何人无关，只与自己的心有关。

喜欢的事开心做，
不喜欢的事耐心做

心灵禅语,句句充满智慧

/ 取舍得当 /

人的生命有限,精力有限,人的环境不同,能力不一,这一切决定了取舍的标准。该取,毫不犹豫,勇往直前;该舍,毫无隐痛,绝不可惜。

/ 适度的人生最美 /

适度不是中庸,而是一种明智的生活态度。适度的人生最美!对生活怀了一颗朴素的心,知道杏花开了梨花也要开,不再刻意想那些和自己没有关联的梦。

/ 人这一辈子 /

人这一辈子,有的人安住当下,有的人含恨昨天;有的人成为金钱的奴隶,有的人成为他人的负担;有的人欢喜地活着,有的人纠结地生活。同样的画板,不同的人上不同的色;同一片天空,相异的心投影出相异的天气。

/ 想做就去做 /

你想得越多,顾虑就越多;什么都不想的时候反而能一往直前。

你害怕得越多，困难就越多；什么都不怕的时候反而没那么难。别害怕和顾虑，想到就去做。

/ 勇敢去追梦 /

这世界就是这样，当你不敢去实现梦想的时候，梦想会离你越来越远，当你勇敢地去追梦的时候，全世界都会来帮你。

/ 不要把最好的自己用完了 /

不要什么话都跟别人讲，你说的是心里话，他们听的是笑话。我们遗憾的并不是错过了最好的人，而是遇到了更好的人，却把最好的自己用完了。

/ 等候灵魂跟上来 /

当你遇到一件事情，已无法解决，甚至是已经影响到你的生活、心情时，何不停下脚步，给心灵一个修禅打坐的时间。或许换种方法、换种角度、换条路来走，事情便会简单许多。如果我们走得太快，要停一停等候灵魂跟上来。

/ 生命大部分是孤独的 /

你必须承认，生命中大部分时光属于孤独，努力成长是在孤独中可以进行的最好的游戏。不要总想着合群，不要总纠结于和谁的关系远了或近了，好的感情是不费力的。

/ 且行且珍惜 /

孤独是每个人都要历经的成长,所谓成熟,是你学会了享受独处的时光,不再惶恐,不再怯弱,和孤独抵额相对,和平共处。且行且珍惜,随缘随自在,这一生能够从始至终陪伴你的,只有自己。

/ 有趣的人会互相迎合 /

生活需要烟火,也需要静静的美好,不用刻意去迎合,有趣的人会相互迎合。

/ 幸福是什么 /

幸福是什么?幸福就是,人到中年有一个好身体、一个坏记性,简单点,糊涂点,开心一点,别说以前,别想也许,别谈如果。

/ 让自己活得更自由 /

宁愿因做自己招人厌恶,也不愿为了迎合他人伪装自己。懂你的人会留下来,不懂你的人,你祈求不来。因为别人让自己活得不快乐,不如为了自己活得更自由。

/ 别在吃苦的年纪选择安逸 /

别担心自己会吃苦,正是生活中的那些苦,才能激发我们向上的力量,使我们的意志更加坚强。瓜熟才能蒂落,水到才能渠成。和飞蛾一样,人的成长必须经历痛苦挣扎,直到双翅强壮后,才能振翅高飞。

/ 别让自己伤害自己 /

背叛伤害不了你,能伤你的,是你太在乎。分手伤害不了你,能伤你的,是回忆。无疾而终的恋情伤害不了你,能伤你的,是希望。你总以为是感情伤害了你,其实伤到你的永远是自己。

/ 拥有的,就是最好的 /

你要知道,你拥有的就是最好的。不是因为一件东西好,你才千方百计要拥有它,而是因为你已拥有了它,才一心一意觉得它最好。

/ 将人生过得好看些 /

一辈子活下来,常常是在最有意思的时候,没有有意思地过;在最没意思的时候,想要有意思地过却再也过不出意思。或者,换一种表述就是,在看不透的时候,好看的人生过得不好看;看透了,想过得好看,可是人生已经没法看了。

/ 守护那一瞬间 /

能把让自己身败名裂、遭人耻笑的事告诉你的人,一定是把你当作最亲近的人。朋友也好,前任也罢,人生诸事很难长情,我愿始终记得你把心掏给我的瞬间,并守护它。

/ 最好的自己留给最好的人 /

没必要刻意遇见谁，也不急于拥有谁，更不勉强留住谁。一切顺其自然，最好的自己留给最好的人。

/ 每一天都要好好控制情绪 /

每一天都告诉自己要好好控制情绪，不抱怨，谨言慎行，这不是将自己变得懦弱和没有性格，而是在慢慢地提升自己。凡事不以恶意揣度别人，不以私利给他人添堵，不妄自菲薄，也不诋毁他人，这是对自己最基本的要求。

/ 淡然而有底线 /

你所做的事情，也许暂时看不到成果，但不要灰心或焦虑，你不是没有成长，而是在扎根。到了一定年龄，便要学会寡言，每一句话都要有用、有重量。喜怒不形于色，大事淡然，有自己的底线。

/ 成为独立的人 /

所谓的成熟，是你出远门总会自己带伞，很少再把自己淋湿；是你能控制自己的眼泪，很少再把自己感动哭；是你学会善待自己、照顾好自己。你逐渐成为独立的个体，而不是将生活侥幸地寄托于外在的一切。

/ 做该做的事，见想见的人 /

在你坚持不住的时候，记得告诉自己，再坚持一下。无论心情多么糟糕,都不要打破生活原有的规律,按时吃饭、按时睡觉。1440分钟,365天,做该做的事,见想见的人。

/去经历,去奔赴山海/

努力不是为了换来功成名就,但所有的懒惰一定换来一事无成。经历得越少,一点多愁善感都要渲染得惊天动地。经历得越多、伤得越痛,越不动声色,越苦越保持沉默。

/悄悄努力,然后惊艳所有人/

你若光明,这世界就不会黑暗。你若心怀希望,这世界就不会彻底绝望。你若不屈服,这世界又能把你怎样。悄悄地去努力,然后变厉害之后,蹦出来把曾经看不起自己的人吓一大跳,才是你现在需要当作目标的事。

/心有透明,春暖花开/

看清一个人何必去揭穿;讨厌一个人又何必去翻脸。活着,总有看不惯的人,就如别人看不惯我们。活着,说简单其实很简单,笑看得失才会海阔天空;心有透明才会春暖花开。人生如此而已。

/简单明了最恰当/

在拒绝这件事上,越简单越好,我帮不上你,说不行、不可以。绕来绕去解释半天,只会让自己感觉亏欠了别人,或者让对方觉得你亏欠了他,徒增出许多烦恼。明明是别人求自己帮忙,是他亏欠

过往皆是生命序章

你人情。如果你帮不上忙就明确拒绝。人际交往，简单明了有时最恰当。

/ 说不，才能得到 /

做人最大的问题，就是不会拒绝。因为在这个世界上，会哭的孩子有奶喝。你拒绝得越多，得到的才越多。做人就是忍辱负重的吃苦，挑三拣四的才享福。说不，才能得到，懂得拒绝，活得不纠结。

/ 自己独撑过程 /

没人在乎你怎样在深夜痛哭，也没人在乎你辗转反侧地要熬几个秋。外人只看结果，自己独撑过程。等你明白了这个道理，便不会再在人前矫情，四处诉说以求宽慰。

/ 学会接受 /

成长的很大一部分是接受，接受分道扬镳，接受世事无常，接受孤独挫折，接受突如其来的无力感，接受自己的缺点。然后发自内心地去改变，天黑开盏灯，落雨带把伞，难过就哭，天亮以后，满血复活。

/ 做最真实的自己 /

做最真实、最漂亮的自己，依心而行，别回头，别四顾，别管别人说什么。比不上你的，才议论你；比你强的，人家忙着赶路，根本不会多看你一眼。

/ 睁开眼睛看世界 /

每个人都睁着眼睛,但不等于每个人都在看世界。许多人几乎不用自己的眼睛看,他们只听别人说,他们看到的世界永远是别人说的样子。

/ 做人如山,做事似水 /

人生的高度,不是你看清了多少事,而是你看轻了多少事。心灵的宽度,不是你认识了多少人,而是你包容了多少人。做人如山,望万物,而容万物。做事似水,能进退,而知进退。

/ 与自己谈心 /

我们很容易看清外面的世界,却更容易丢失自己。每天给自己一点静心的时候,与自己谈心,与自己对话,感受自己的心,使你能看见自己。

/ 用最喜欢的方式做最喜欢的事 /

每天用你最喜欢的方式做你最喜欢的事情,这是一种莫大的幸福。然后,每天重复这种快乐的做事方式和心情,久而久之形成习惯。天长日久,这种习惯就会成为性格。

/ 值得庆幸的事 /

每一次的伤痛,都是成长的支柱。每一次的打击,都是坚强的后盾；活着必定要经历一些挫折，而我们依然坚强战胜每一次挫折，只要我们还活着就值得庆幸！

/ 不负坚持与汗水 /

与人交谈时，如果是客人，要学会倾听，倾听比安慰要好；每一次遭受挫折，如果是犯错，要有所反思，反思比反差要好；每一次攀登高山，要积极攀越，攀越有所得，不负坚持与汗水；人生磨得了难，生活吃得了苦，人受得了挫折、忍得住寂寞。

/ 每一个现在都会成为记忆 /

每一个现在都是我们以后的记忆。而今天的时光总是很短暂，不管多想身在其中，时光还是会悄然离去，只是当太阳落下去时，我们可以欣慰地说，今天的生活真有意义。

/ 遇见是缘 /

我们生命里出现的每一个人，都有原因，都有使命。喜欢你的人给了你温暖和勇气；你喜欢的人让你学会了爱和自持；你不喜欢的人教会了你宽容和尊重；不喜欢你的人让你知道了自省和成长。没有人会无缘无故出现在我们生命里的，每一个人的出现都是缘分，都有原因，都值得感恩。

/ 做自己心地的主宰 /

每一个人路过这个世界，在人海茫茫里都是彼此的路人甲。不回避承担，不拒绝负载，容得下别人的唐突，做得了自己心地的主宰，就算人生再怎么渺小，也能活出那份清晰与深沉。

/ 知足的心态最重要 /

上天不会让所有幸福集中到某人身上，得到爱情未必拥有金钱；拥有金钱未必得到快乐；得到快乐未必拥有健康；拥有健康未必一切都会如愿以偿。保持知足常乐的心态才是淬炼心智、净化心灵的最佳途径。

/ 生命里出现的人 /

永远不要去责怪你生命里的任何人。好的人给你快乐，坏的人给你经历，最差的人给你教训，最好的人给你回忆。

/ 遇见该遇见的人 /

无论你遇见谁，他都是你生命中该出现的人，绝非偶然，一定会教你一些什么。所以我始终相信，无论我走到哪里，那都是我该去的地方，经历该经历的事，遇见该遇见的人。

/ 跳板 /

人这一辈子，年轻时所受的苦不是苦，而是一块跳板。人在跳板上，最难的不是跳下来那一刻，而是跳下来之前，心里的挣扎、犹豫、无助和患得患失，根本无法向别人倾诉。我们以为跳不过去了，闭上眼睛，鼓起勇气，却跳过了。

/ 努力增强实力 /

　　这个社会是现实的，你没有实力的时候，别人首先看你外表。所以当你没有优秀外表的时候，努力增强实力，当你既没优秀外表又没实力的时候，别人看都懒得看你一眼。

/ 人生是一杯茶 /

　　人生是一杯茶，由浓变淡，从混沌到清澈，从滚热煎熬到清凉平淡，沉下去才能浮起来。生命的风采在于恬淡、平静和淡雅。

/ 倾听是一种智慧 /

　　很多时候，我们总是急于表达自己的观点和看法，却忘记了比表达更重要的是倾听。认真倾听别人说的话，是一种教养，更是一种智慧。倾听不仅可以增进沟通，减少误解，也能让我们换位思考，理解他人。所以，善言虽能赢得听众，但善听才能赢得朋友。

/ 你的态度就是人生 /

　　世界是公平的，用心做事的人，没有理由不成功。只要你愿意凡事多走一步，无论再普通的工作，也能拼出不平凡的人生，因为你向世界多走一步，世界就会向你走近一步。你的态度，就是你的人生。

/ 断舍离 /

　　无能为力的事，当断。生命中无缘的人，当舍。心中烦欲执念，当离。目之所及，皆是回忆。心之所向，皆是过往。放下执念，心才能回归安宁。

/ 学会欣赏 /

为人处世，要有一双善于发现美的眼睛，不要只有一张挑剔的嘴巴。会欣赏别人，内心有丰富的善意，而一味挑剔的人，生命中只有荒芜。欣赏，是一种智慧，更是一种境界。学会欣赏别人，你会更优秀。

/ 向阳而行 /

人这一生有种种遭遇，可能是病痛的折磨，可能是工作的不顺，也可能是感情的挫折。但生活如同四季流转，有冬夜也会有春天，有黑暗也会有光亮。向阳而行，你总会遇到那抹阳光。

/ 只有经历才会懂得 /

人生只有经历才会懂得，只有懂得才会去珍惜。人非圣人，谁能无错，看淡一切，一切也就如过眼云烟。如果真的忘不了，就默默地珍藏在心底，藏到岁月的烟尘无法触及的地方。

/ 读懂了遗憾才算读懂了人生 /

人生是一个遗憾的过程，遗憾带给人的是对生命更多、更深刻的感悟。没有经历过遗憾的人生是不完整的，读懂了遗憾，才算读懂了人生。学会从遗憾中领略圆满，简单地享受生活，就会快乐许多。

/ 以善良的心待人 /

以善良的心待人！用平常的心处世！对于为人在世，也许用一种简单的方式去生活会快乐许多：大事当小事，小事当无事！大雨当小雨，小雨当无雨！用大而化之的心境去处世，会少许多烦恼。

/ 熟悉又陌生的人是自己 /

人最熟悉的莫过于自己，最陌生的也莫过于自己；最亲近的是自己，最疏远的也是自己。人有两只眼睛看世间、看万物、看他人，就是看不到自己；能看到别人的过失，却看不到自己的缺点。

/ 总有过去的时候 /

人一辈子，无论走了多少路，终归只有一条路，却分了无数路段。平坦的路段，心里多是美好；坎坷的路段，心里多是晦暗。你该明白，无论哪个路段，总有过去的时候。

/ 走过生命的方式 /

我们选择不了生命，但我们可以选择走过生命的方式。做人要有几分淡泊，清风细雨同样有韵致、有诗意；做事要有几分从容，俯仰之间，依然洒脱。不刻意，不虚伪，没有万卷诗书的熏陶，我们有的是简单岁月的朴素；没有历练沧桑后的成熟，我们有的是宠辱不惊的坦然。

/ 成功的过程 /

成功的过程就是每一天都很难，可一年一年却越来越容易；失败的过程就是每天都很容易，可一年一年却越来越难。

/ 于淡泊中平和自在 /

一个人的自愈能力越强，才越有可能接近幸福。做一个寡言却心有一片海的人，不伤人害己，于淡泊中平和自在。

/ 觉醒期 /

每个人都有一个觉醒期，但觉醒的早晚决定个人的命运。经验会告诉你怎样做事；时间会教给你如何看人。

/ 与其抱怨，不如改变 /

羡慕别人身材好，却不知他在健身房挥汗如雨；感慨为什么升职的不是你，却看不到别人悄悄努力，把每份工作都做到最优。抱怨自己没天生好命，殊不知你的命运就藏在你的行动里。与其抱怨，不如改变。